实例：制作VLOG片头

实例：剪辑风景短视频

实例：添加音频变速效果

▶ 实例::剪辑旅行视频片头

▶ 实例::画面分割特效

▶ 实例::胶卷滚动效果

实例:使用"素材包"制作美食教程视频

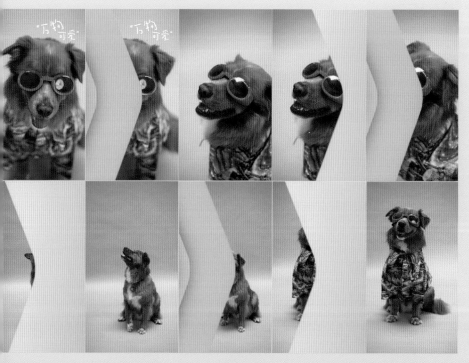

实例:制作宠物"MG动画"短视频

▲ 实例：制作穿梭转场效果

▲ 实例：春日浪漫短视频

▲ 实例：添加淡入淡出的音乐效果

新营销·新电商

全彩视频版

短视频拍摄剪辑指南

电商教育　编著

中国水利水电出版社
www.waterpub.com.cn
·北京·

内容提要

　　《短视频拍摄剪辑指南》是一本专为短视频制作人员、抖音、快手等自媒体行业从业者以及短视频爱好者量身打造的自学教程。本书全面系统地讲解了短视频的拍摄、剪辑技巧，以及视频调色、特效、文字、动画等内容。全书分为 2 个部分：第 1 部分为短视频拍摄篇（第 1～2 章），主要讲解了如何拍出独具匠心的视频、短视频构图和灯光布置等；第 2 部分为短视频剪辑与制作篇（第 3～10 章），主要讲解了短视频剪辑、使用"素材包"为视频添加效果、为视频调色、为视频添加文字、模拟"炫酷"的特效、视频间的转场效果、添加动画让画面更生动、添加合适的音频等。

　　本书理论讲解配合实例操作，并录制了实例的同步教学视频，简单易学，可以帮助读者快速掌握并创作出具有创意、个性和风格的短视频作品。本书适合短视频制作人员、自媒体从业人员以及短视频爱好者学习参考，也可作为相关行业的培训教材。

图书在版编目（CIP）数据

短视频拍摄剪辑指南 / 电商教育编著 . -- 北京：
中国水利水电出版社，2024.6
（新营销·新电商）
ISBN 978-7-5226-2401-3

　　Ⅰ.①短… Ⅱ.①电… Ⅲ.①视频制作—指南 Ⅳ.
① TN948.4-62

中国国家版本馆 CIP 数据核字（2024）第 061764 号

丛 书 名	新营销·新电商
书　　名	短视频拍摄剪辑指南 DUANSHIPIN PAISHE JIANJI ZHINAN
作　　者	电商教育　编著
出版发行	中国水利水电出版社 （北京市海淀区玉渊潭南路 1 号 D 座　　100038） 网址：www.waterpub.com.cn E-mail：zhiboshangshu@163.com 电话：（010）62572966-2205/2266/2201（营销中心）
经　　售	北京科水图书销售有限公司 电话：（010）68545874、63202643 全国各地新华书店和相关出版物销售网点
排　　版	北京智博尚书文化传媒有限公司
印　　刷	北京富博印刷有限公司
规　　格	148mm×210mm　32 开本　5.75 印张　176 千字　2 插页
版　　次	2024 年 6 月第 1 版　　2024 年 6 月第 1 次印刷
印　　数	0001—3000 册
定　　价	59.80 元

前　言

在这个信息"爆炸"的时代，我们每天都会被大量的短视频包围。无论是在等车的过程中，或是在休息时，还是在餐桌旁，我们总能看到那些五彩斑斓的画面在手机屏幕上跳跃。正是因为短视频的普及，许多人渴望自己也能成为其中的一员，从而分享自己的生活、思考与创意。

然而，创作短视频并非易事。从构思到拍摄、剪辑，再到后期调色、添加特效与音频，每个步骤都需要创作者付出时间和心血。本书正是为了帮助更多的人成为优秀的短视频创作者编写的一本指南。本书不仅教读者如何拍摄，更重要的是，教读者如何找到自己的独特风格，从而让作品脱颖而出。

本书至少包括以下内容

- 8 种拍出独具匠心的视频的方法。
- 7 种短视频构图技巧。
- 5 种灯光布置技巧。
- 4 个短视频剪辑实例。
- 3 个使用素材包为视频添加效果实例。
- 6 个为视频调色实例。
- 5 个为视频添加文字实例。
- 6 个模拟"炫酷"的特效实例。
- 4 个视频间的转场效果实例。
- 3 个添加动画让画面更生动实例。
- 6 个添加合适的音频实例。

为了让读者更好地掌握如何制作短视频，本书赠送以下内容：

- 《手机端剪映 & 电脑端剪映功能对照速查（通用版）》电子书。
- 《1000 个短视频达人账号名称》电子书。
- 《200 个直播带货达人账号名称》电子书。
- 《30 秒搞定短视频策划》电子版。

注意：由于剪映、抖音等 App 或软件的功能时常更新，本书与读者实际使用的 App 界面、按钮、功能、名称可能会存在部分区别，但基本不影响使用。同时，作为创作者也要时刻关注平台动向以及政策要求，创作符合平台规范的作品。

本书由电商教育组织编写，其中，曹茂鹏、瞿颖健负责主要编写工作，参与本书编写和资料整理的还有杨力、瞿学严、杨宗香、曹元钢、张玉华、孙晓军等人，在此一并表示感谢！

编　者

目　录

第1章
如何拍出独具匠心的视频

本章内容简介

　　想要创作一段独具匠心的视频，就需要发掘自己的创意，善于运用各种拍摄技巧和剪辑手法，让每一帧画面都充满个性与情感。只有在深刻理解自己和观众需求的基础上，才能用独特的方式讲好自己的故事。本章将讲解几种常用的拍摄技巧。

重点知识掌握

- 拍摄技巧
- 景别使用
- 镜头使用
- 道具使用

1.1　慢动作，更能抒发感情

影视作品中经常会见到这样的镜头：子弹缓缓飞过、苹果缓缓炸开、水滴缓缓坠落、人物缓缓倒下等。这些极具动感的场景如果在现实中发生，必然都是在极短的时间内完成的，而且其中的过程几乎无法看清楚。其实这样的"慢动作"效果可以借助高帧率拍摄并通过视频编辑软件调整播放速度得到。也就是通常所说的"高帧慢放"或"慢动作升格效果"。

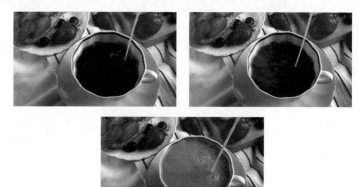

在拍摄短视频时，通常会将帧率设置为 60fps，也就是每秒拍摄 60 个连续的画面。而想要拍摄出流畅的慢动作效果，则可以将拍摄的帧率设置为 120fps 或 240fps。然后在"剪映"软件中使用"变速功能"减小变速的倍数，使视频播放速度变慢，从而得到慢动作。例如，拍摄的视频帧率为120fps，在"剪映"App 中将变速的倍数设置为 0.5x，经过变速的视频播放速度还是每秒 60 帧。

　　高帧慢放效果适用于表现动作连贯性的镜头中，而且要适度使用。这种拍摄方式需要在短时间内拍摄更多的画面，所以对设备及光线的要求相对也要高一些，如果光线较差，可能无法保证画面质量。

1.2　故事中的留白——空镜头

　　就像一幅画中要有留白一样，短视频也要给观众保留一些"可呼吸"的空间，就可以起到这种作用。空镜头是指画面中没有出现人的镜头，可与常规的镜头互相补充出现。空镜头主要用于交代时间、地点，还可以起到推进情节、抒发情绪、渲染氛围、表达观点的作用。空镜头既可以拍景，也可以拍物。拍景通常使用全景或远景，拍物则多采用近景或特写。

1.3　不同的拍摄景别，让视频更生动

　　景别是摄影及摄像中都会经常提到的关键词。主要是人物在画面中所呈现出的范围大小的区别。景别通常可以分为远景、全景、中景、近景、特景5类。画面中的主体物或人物距离镜头越近，画面中的元素就越少，观众与画面的情感交流就越强，也越容易打动观众；相反，画面中的人物越小，距离感越强，使人与人之间的情感影响就越会少一些。

　　1.远景

　　远景分为大远景和远景两大类，通常用于短视频起始镜头、结束镜头，也可以作为过渡镜头。大远景通常用于拍摄广阔的自然风光，如星空、大海、草原、森林、沙漠、群山等。

　　而远景则是比大远景稍近一些的场景，一般可以看到人物形态，如人流涌动的街道、田园牧场等开阔的场景。

2. 全景

　　全景包含完整主体物或人物以及其所处环境。由于全景画面具有明确的内容中心，所以常用于交代情节发生的环境以及渲染和烘托某种气氛。

3. 中景

中景为场景中的局部内容，如人物膝部以上的画面。在中景镜头中，场景的展现并不占有重要地位，而是主要用于展现故事情节与人物动作。

4. 近景

近景是指包含人物胸部以上或主体物部分区域的画面。近景镜头的空间范围比较小，主要用于表现人物的神态、情绪、性格。随着拍摄距离的拉近，观众与画面中的角色之间的心理距离也会缩小，更容易将观众代入剧情中。

5. 特景

特景（特写镜头）是指展现人物身体的某个局部或主体物的某个细节。例如，展现人物面部的细节、身体的某个部分、产品的质地等细节。特景可以强烈地展现某种情感，清晰地展现产品的材质。另外，也常在美妆类视频展示细节。

1.4 常见的运动镜头

想要完整地讲述一个故事，不同的镜头不仅要在拍摄内容上要有所区别，也要在镜头的"动"与"定"上作出合适的选择。无论画面中的内容是否移动，摄像机固定在某处，拍摄出的画面即是固定镜头。若在拍摄过程中，摄像机发生移动，拍摄出的镜头即是运动镜头。

运动镜头是通过拍摄设备不同的运动方式，使画面呈现出不同的动态感。与固定镜头相比，运动镜头更有张力。即使拍摄静止内容，也能够通过镜头的运动使画面更具冲击力。常见的运动镜头有推镜、拉镜、摇镜、移镜、跟镜、甩镜、升镜和降镜。

1. 推镜

推镜是指向前推近拍摄设备，或通过变焦的方式放大画面某处。推镜可以通过排除部分画面信息，从而更好地强化核心内容的展示。例如，从较大的场景逐渐推近，使观众的视线聚集在人物上。

2. 拉镜

拉镜与推镜正好相反，是指摄像机从画面某处细节逐渐向远处移动，或通过变焦的方式扩大画面展示范围。拉镜通常用于环境的交代以及开阔场景的展示，也可以起到渲染情绪与升华主题的作用。例如，从在海上航行的轮船向远处拉镜，直至画面中出现不同颜色的海域。随着逐渐变小的轮船，自然的宏大之感将逐渐呈现。

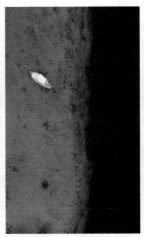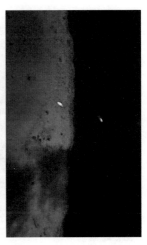

3. 摇镜

摇镜是指设备以某一点为轴心，向上、向下或向左、向右摇动拍摄。摇镜也是新手最常用的一种拍摄方式，常用于拍摄宽、广、深、远的场景。例如，在拍摄原野时，固定镜头很可能无法完全展现场景的开阔，这时就可以采用横向摇镜的方式拍摄。也可用于拍摄运动的人或物，如奔跑的动物、嬉闹的孩童。同样也适用于表现两个人或物之间的关联性。

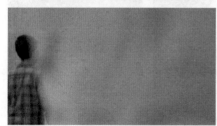 

4. 移镜

移镜是指摄像机在水平方向上按照一定的运动轨迹移动拍摄。可以手持拍摄设备，也可以将拍摄设备放置在移动的运载工具上。移镜不仅可以使更多场景入画，而且可以营造出带有流动感的视觉效果，使观众产生更强的代入感。

5. 跟镜

跟镜是指拍摄设备跟随被拍摄对象保持相应的运动进行拍摄。跟镜中的主体物相对稳定，而背景环境一直处于变化状态。跟镜有跟摇、跟移、跟推3 种方式。使用跟镜拍出的视频具有流畅、连贯的视觉效果。例如，跟随主体人物去往某处，常用于旅行短视频和探店类短视频中。

6. 甩镜

甩镜是指在镜头中前一画面结束后不停止拍摄，而是快速将镜头甩到另一个方向，使画面中的内容快速转变为另一种内容。这种镜头运动方式与人突然转头时产生的视觉感受非常接近，常用于表现空间的转换，或是同一时间内另一空间的情景。

7. 升镜

升镜是指拍摄设备从拍摄处缓慢升高，如果配合拉镜形成俯拍视角，可以展示广阔的空间，以实现升华情绪的效果，常用于剧情的结尾处。

8. 降镜

降镜与升镜相反，是指拍摄设备下降拍摄。可从大场景向下降镜拍摄，实现从场景到事件或人物的转换，常用于剧情的起始处。

1.5 如何拍摄双人镜头

在以两人对话为主的短视频中，镜头如果一直保持不变，难免会使人感觉枯燥。为了缓解镜头单一的问题，可以适当地切换拍摄角度，同时也能更好地突出画面重点。下面列举一些常见的两人对话镜头的拍摄方式。

两人交谈时，拍摄设备位于两人连线中点的一侧向前拍摄，可拍摄到两人同时出现的画面，同时能够展示环境。

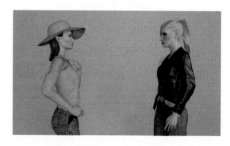

一侧人物说话时，从另一侧人物斜后方拍摄过肩镜头，也就是外反拍角度。画面中包含要重点表现的人物的正面与另一人物的背影。既交代了两人的相对位置，也能够看清楚人物面部表情。

拍摄设备位于两人连线中点的一侧，并转向一侧人物拍摄，也就是内反拍角度。画面中只有一个人，视觉效果更加突出。

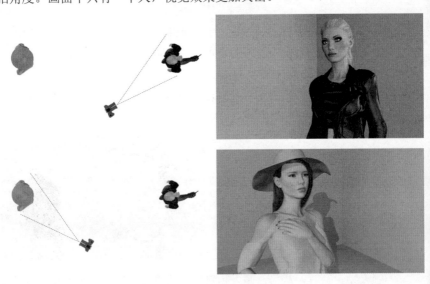

拍摄设备位于两人连线中点，转向一侧人物拍摄，人物面向镜头，形成主观视角。这种角度适合表现人物的情绪及内心世界，非常具有感染力。

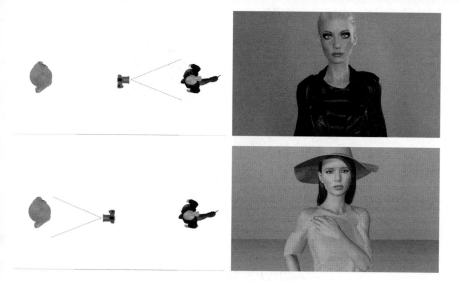

1.6　遮挡镜头边角，拍摄唯美大片

当用植物、彩色纸或手指遮住镜头的边角时，会在画面局部呈现出部分虚化的影像。这部分影像的颜色取决于遮挡物的颜色，植物呈现出绿色虚影，而手指遮挡则呈现出橙色或肉色的虚影。遮挡物的遮挡位置及镜头远近都会产生不同的虚化效果，可以进行多次尝试以观察不同效果。

虚影的出现会使画面部分呈现出朦胧感，这种朦胧感一方面会起到"简化"画面的作用，另一方面也更容易产生梦幻般的唯美感。所以，这也是拍摄美女、儿童及美食的常用小妙招。

1.7 巧用画框，拍出画中画

　　夕阳常见，海滩常见，夕阳下的海滩也常见。那么可以尝试将夕阳定格在画框中以拍摄出不常见的风景。用硬纸壳做两个画框，将画框插入沙滩。当太阳落山，呈现出夕阳美景时，可在沙滩上对准相框的中心位置拍摄，如果此时画框中出现了游客，应抓紧时间按下快门进行拍摄。

　　当然，也可以将手机固定好位置，设置定时自拍，然后走到画框中间位置，摆好姿势，即可拍摄出一张有趣的画中画。

没有添加画框的画面　　　　　自制黑卡纸画框　　　　　添加画框的画面

1.8 没有水面，也能拍出倒影效果

想要拍出倒影必须要有水吗？并不是。想要实现下面左图的神奇效果，两个手机就足够了，一个拍照、另一个作为"反光面"。按照下面右图的方法，首先将作为"反光面"的手机放在手上，黑色屏幕朝向天空，会反射出漂亮的景色；然后移动手的位置，找到一个水平的视角，并升高或降低手的位置以确定倒影开始的水平线位置，确定好后保持不动；接着用另一个手机进行拍摄，即可轻松得到神奇的倒影。拍摄这种倒影效果之前，手机屏幕要擦干净，不然反射的内容容易出现指纹的痕迹。

第 2 章

玩转构图与灯光

 本章内容简介

　　构图与灯光是视频拍摄中至关重要的元素，巧妙的构图能为画面增添层次感和艺术性，恰当的灯光则能营造合适的氛围和情感。熟悉构图与灯光的原理和技巧，并在实际拍摄中灵活运用，能大大提高视频的质量和观赏性。本章将学习常用的构图技巧与灯光技巧。

重点知识掌握

- 常用构图技巧
- 常用灯光技巧

2.1　短视频构图

本节将学习几种常见的短视频拍摄的构图方式。

2.1.1　分割构图

分割构图是指将画面一分为二。常用于风光的拍摄，就是通常所说的"一半天、一半景"。

- 分割构图方式画面相对简洁、分明，主题传达较为明确。
- 分割构图与三分法构图相比，分割构图画面层次较少。

2.1.2　三分法构图

三分法构图又称"井字构图""九宫格构图"，是指将画面横竖各画 2 条线，均分为水平、垂直各 3 部分，共 9 个方格。将重点表现的部分放置于交会点上，这 4 个点就是画面的"兴趣点"。

三分法构图可以说是新手进阶最实用的构图妙招，其特点是尝试将主体物摆放在某一"兴趣点"处，让画面不再呆板。

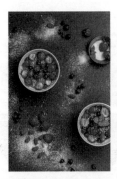

2.1.3　倾斜构图

　　倾斜构图是指画面中有明显的"斜线"，将画面一分为二。构成斜线的内容可以是物体、人物、地平面，甚至是光影、色块。

- 水平的画面常给人以稳定感，而倾斜构图恰恰相反，可营造出活力、节奏、韵律、动感等正面氛围。
- 倾斜构图也适合出现在展现危机、动荡、不安等负面因素的画面中。所以，无论是在动态的视频还是在静态摄影中，倾斜构图是一种常用来讲故事和抒发情绪的构图方式。
- 拍摄时可以充分运用光影、色彩、场景元素摆放等各种方式设置倾斜构图。

2.1.4　框架式构图

　　框架式构图是指景物组成框架，将观众的视线引向框架内。该构图方式能使画面的景物层次更丰富、空间感更强。

- 框架可以是任何形状，如方形、圆形、不规则图形等。
- 任何景物都可以组成框架，如树枝、窗、门、墙、手等，甚至光影都可以成为框架。

2.1.5　聚焦构图

聚焦构图是指四周景物形成的线条向同一聚集点聚集的构图方式。

- 该构图方式能够引起强烈的视觉聚焦效果，所以可以在聚焦点处设置特定元素以表达主题。
- 该构图方式适合表现透视感强的空间。

2.1.6　三角形构图

三角形构图是指画面中一个呈三角形的视觉元素或多个视觉元素为三点连线形成一个三角形。三角形构图又包括"正三角形构图"和"倒三角形构图"。

- "正三角形构图"更稳定、更安静，常用于拍摄建筑和人等。
- "倒三角形构图"更不稳定、更运动，常用于拍摄运动题材，如滑雪、滑滑板、跳舞等。

2.1.7　更强的透视感构图

一面有趣的墙、一排整齐的栏杆，正面拍摄得到的可能就是平平无奇的画面。而稍稍更换角度，增强场景透视感往往就可以得到更具视觉冲击力的画面。

模特倚靠在栏杆附近，从一侧拍摄，借助栏杆"近大远小"的强烈透视感，可增强画面空间感。

尝试过侧面拍摄，下面再尝试用 3/4 侧面 + 仰视方式拍摄，增强了空间的透视感，人物也会显得更高一些。

同样是靠在栏杆上，从栏杆的另外一侧稍稍贴近栏杆向上仰拍，可让主体人物位于画面中心处，重心非常突出。

面对一辆漂亮的汽车时，如果水平拍摄，看起来会很普通。从斜侧面拍摄，既可以得到具有强烈空间感的画面，又可以重点表现部分区域，还可以使画面的汽车更具动感。

2.2 灯光布置

本节将学习几种常见的短视频拍摄的灯光布置方式。

2.2.1 三点布光，拍出高清视频

在室内空间拍摄时，自然光可以在一定程度上发挥作用。但是使用自然光充满了不确定性，如果拍摄系列短视频很难保证光照效果一致。也可能出现因拍摄时段或天气情况不佳，无法获得合适的自然光而影响拍摄的情况。所以在室内空间拍摄时，更多的需要依赖人造光。

人造光的可控性更强，可以根据拍摄场景及需求的不同，配置或简单或复杂的光照系统。下面介绍一种简单的布光思路：三点布光。这种布光方式适合1~2人，在家里或是面积较小的简单室内空间中进行拍摄，如拍摄知识类、测评类、情感类视频或者进行直播。

1. 主光

在人物一侧45°斜上方布置主光源。具体位于人物的哪一侧，可以取决于更想展示哪一侧的面部。（为了避免其他光线的干扰，可以关闭房间照明，拉上窗帘。）

2. 辅助光

有了主光后，人物一侧被照亮，但是另外一侧会偏暗，面部可能会出现明显的阴影。所以需要在主光对侧的位置添加辅助光，以照亮暗面。如果另一侧偏暗严重，可以使用第2盏摄影灯，亮度可适当低于主灯。

如果偏暗问题不严重，可以使用反光板，在暗面反射主灯的光线，以起到补光的作用。反光板是一个方便且划算的工具，不仅可以在室内拍摄使用，在室外拍摄也经常使用。反光板的尺寸有大有小，如果需要人物全身出镜，则需要大一些的反光板。如果家里有白色的板子，也可以临时充当反光板。

3. 轮廓光

此时的人物已经被照亮，但是如果人物与背景之间存在模糊不清的情况，就需要使用第 3 盏灯。在人物的斜后方，添加一盏射向人物背面的灯光。这盏灯可以使人物边缘变亮，从而有效地将人物从背景中分离出来。

2.2.2　室内绿幕抠像布光

　　常规的室内环境可能无法满足视频内容的要求，如果使用抠像技术去除原有背景并更换新背景，则可以得到非常丰富的画面效果。绿幕拍摄不仅适用于在短视频中换背景，同样适用于在直播中更换背景。

　　虽然剪映等剪辑软件能够对非绿幕背景的视频进行智能抠像，但是如果想要追求自然真实的抠像效果，绿幕拍摄是不二之选。方法很简单，首先准备绿色背景纸或绿色布，尽可能地铺平，不要有褶皱。人物与背景之间最好保留 2m 左右的距离，以免绿色背景影响人物颜色。人物尽量不要穿着或佩戴绿色或接近绿色的服装与配饰。

　　关闭室内其他灯光，准备两盏照明充足且配有柔光罩的灯。其中一盏灯照射背景布，要保证光线柔和，注意背景布上的明暗对比不要太大；另外一盏灯可以从另一侧，距离人物 1m 左右的位置，斜 45° 照射人物。

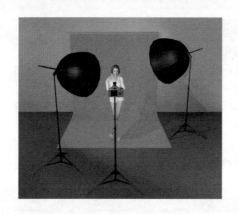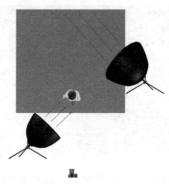

2.2.3 在坏天气下也能拍出好照片

通常来说，在阳光明媚的晴天拍摄风景都不会太差，很容易就可以得到明丽鲜艳的自然风景照片。但是，常规的"漂亮"风景照片看多了，难免会产生千篇一律的无味感，这时人们更想看到一些"不一样"的照片，所以，很多摄影者都会选择在不同的天气情况下拍摄风景照片。有时候在坏天气下也能拍出好照片。由于很多坏天气是不多见的，如大雾、雾霾、大雪、大雨等，而常见的景色在不常见的天气条件下，往往会呈现出与众不同的效果。但是拍摄时一定要注意安全。

爬到山顶时，雾气很大，若逆光拍摄，会有水墨山水画的拍摄效果。在大雪天气下，山峰显得更加陡立与艰险，衬得人物更显孤寂与硬朗，会给人一往无前的感觉。

2.2.4 巧妙运用微弱的灯泡光

有趣的照片是要有创意的。来到一个空间中，应先看、再拍，找到能发现的"好玩的东西"。下图为咖啡店全景，经过拍摄发现如果拍摄大一些的场景会显得画面很乱，没有重点。

所以可以尝试拍摄人物的半身像，让模特靠近光源，闭上眼睛，让灯光照亮脸部和双手。灯光的亮度非常有限，所以会有很多区域没有被照亮，杂乱的环境会被黑暗隐藏。一张充满想象力的"畅游在灯泡的海洋中"的照片就出现了。

在拍摄时，可以尝试以比较亮的区域作为测光点，使画面大部分区域形成暗部，这样杂乱之感就会有所减弱。当然也可以通过修图软件对环境进行适当的压暗。

2.2.5 用光制造色彩冲突

偏暗的室内空间中最适合用带有颜色的光营造气氛。可以尝试在空间中用两种颜色反差较大的灯光，营造出更具戏剧化和故事感的色彩混合效果。

　　例如，蓝色+绿色灯光搭配更协调，画面色调更统一；红色+蓝色灯光搭配更冲突，视觉冲击力更强。

　　可以使用可调颜色的 LED 补光灯辅助拍摄。如果没有专业的摄影灯，可以尝试用带有颜色的玻璃杯、饮料瓶或塑料袋，使灯光透过有色透明物向外照射，也会得到不同颜色的光线（但要注意，塑料易燃，不要直接放在发热的光源上）。

第 3 章

短视频剪辑

 本章内容简介

　　本章将带领读者进入短视频剪辑的精彩世界。通过丰富的实际操作实例，帮助读者在短时间内创作出令人赞叹的视频作品。本章包括较为详细的实例步骤流程，如剪辑、调色、特效、动画、转场、配乐等。下面，让我们一同踏入这个创意无限的领域，探索短视频剪辑的魅力，为作品注入生动和精彩的视觉体验吧！

 重点知识掌握

- 视频剪辑
- 视频完整制作流程

扫码看教程

3.1　实例：剪辑彩色宠物 VLOG 片头

　　本实例首先使用"蒙版"工具分割视频文件，制作视频切割的效果；然后使用"滤镜"工具制作画面颜色分段不同的效果；最后使用"文字"工具与"贴纸"创建文字与"爱心"图案，丰富画面效果。

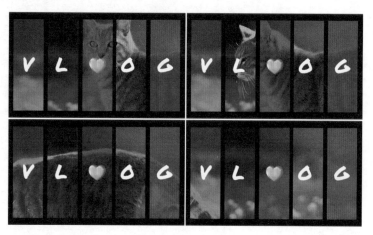

　　（1）将"01.mp4"素材文件导入剪映。

　　（2）选择素材文件，在"工具栏"面板中点击"蒙版"按钮。

　　（3）在弹出的"蒙版"面板中点击"矩形"按钮，在"播放"面板中设置蒙版到合适的位置与大小。

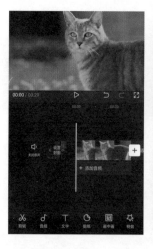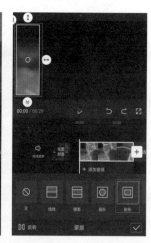

（4）在"工具栏"面板中点击"滤镜"按钮。

（5）在弹出的"滤镜"面板中选择点击"风格化"→"空谷"滤镜。设置"滤镜强度"为100。

（6）选择素材文件，在"工具栏"面板中点击"复制"按钮。

（7）选择在（6）中复制的素材文件，在"工具栏"面板中点击"切画中画"按钮。

（8）将"画中画"轨道上的素材文件移动至主视频素材文件的正下方。在"工具栏"面板中点击"蒙版"按钮。

（9）在"播放"面板中设置蒙版到合适的位置与大小。

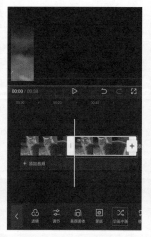 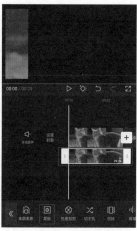 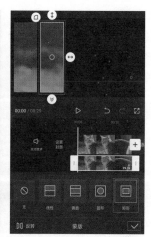

（10）在"工具栏"面板中点击"滤镜"按钮。

（11）在弹出的"滤镜"面板中选择"风格化"→"赛博朋克"滤镜。设置"滤镜强度"为100。

（12）选择"画中画"轨道上的素材文件，在"工具栏"面板中点击"复制"按钮。

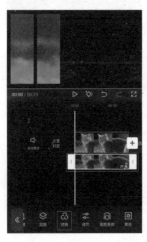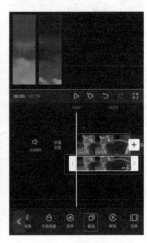

（13）将在（12）中复制的素材文件移动至起始位置。在"工具栏"面板中点击"蒙版"按钮。

（14）在"播放"面板中设置蒙版到合适的位置与大小。

（15）在"工具栏"面板中点击"滤镜"按钮。

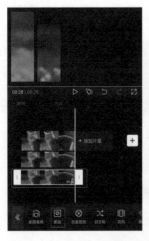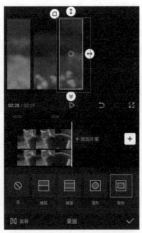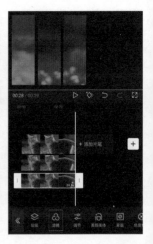

（16）在弹出的"滤镜"面板中选择"风格化"→"蒸汽波"滤镜。设置"滤镜强度"为 100。

（17）选择素材文件，在"工具栏"面板中点击"复制"按钮。

（18）将在（17）中复制的素材文件移动至起始位置。在"工具栏"面板中点击"蒙版"按钮。

 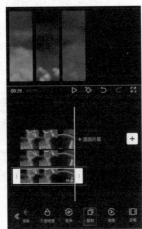 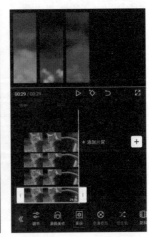

（19）在"播放"面板中设置蒙版到合适的位置与大小。

（20）在"工具栏"面板中点击"滤镜"按钮。

（21）在弹出的"滤镜"面板中点击 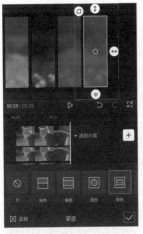（取消）按钮。

 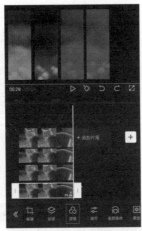 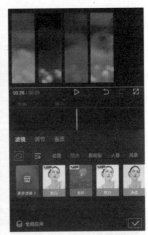

（22）选择素材文件，在"工具栏"面板中点击"复制"按钮。

（23）将在（22）中复制的素材文件移动至起始位置。在"工具栏"面板中点击"蒙版"按钮。

（24）在"播放"面板中设置蒙版到合适的位置与大小。

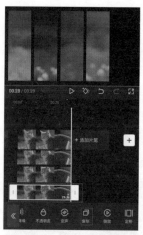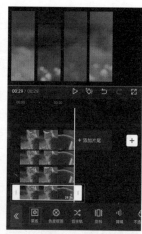

（25）在"工具栏"面板中点击"滤镜"按钮。

（26）在弹出的"滤镜"面板中选择"风格化"→"日落橘"滤镜。设置"滤镜强度"为100。

（27）将时间线滑动至起始位置，在"工具栏"面板中点击"文字"→"新建文本"按钮。

（28）在"文字栏"中输入合适的内容，在弹出的"字体"面板中点击"英文"按钮，然后选择合适的字体内容。

（29）设置文字图层的结束时间与视频的结束时间相同，然后将时间线滑动至起始位置，在"工具栏"面板中点击"贴纸"按钮。

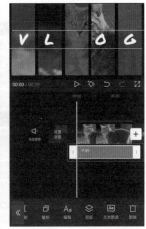

（30）在弹出的"贴纸"面板中点击"爱心"按钮，然后选择合适的贴纸。

（31）在"播放"面板中设置贴纸为合适的大小。在"时间轴"面板中设置"贴纸"的持续时间与视频的结束时间相同。此时本实例制作完成。

扫码看教程

3.2 实例：剪辑"甜美系小猫咪"短视频

本实例首先使用"文字"工具创建文字并导出文字视频效果；然后使用"动画"工具制作猫咪视频闪烁出现的效果；接着使用"混合模式"制作文字效果；最后添加"特效"与合适的音频文件丰富画面。

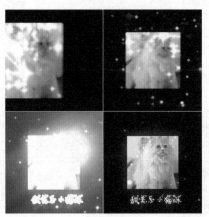

（1）打开剪映，点击"开始创作"按钮，点击"素材库"→"热门"按钮，选择黑色视频，然后点击"添加（1）"按钮。

（2）将时间线滑动至起始位置，在"工具栏"面板中点击"文字"→"新建文本"按钮。

（3）在弹出的面板中输入文字内容，然后点击"字体"→"可爱"按钮，选择合适的字体内容。

（4）点击"样式"→"文本"按钮，设置"字号"为 15。

（5）设置文字的持续时间与视频的结束时间相同，然后点击"导出"按钮，将文字视频导出。

（6）再次新建一个项目，点击"开始创作"按钮，点击"素材库"→"热门"按钮，选择黑色视频，然后点击"添加（1）"按钮。

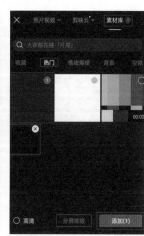

（7）设置视频文件的结束时间为 2 秒 26 帧。

（8）点击"时间轴"空白位置，在"工具栏"面板中点击"比例"按钮。

（9）在弹出的面板中点击"1:1"按钮。

（10）将时间线滑动至起始位置，在"工具栏"面板中点击"画中画"按钮。

（11）在弹出的面板中点击"新增画中画"工具。

（12）在弹出的面板中点击"照片视频"→"视频"按钮，选择01.mp4素材文件，点击"添加"按钮。

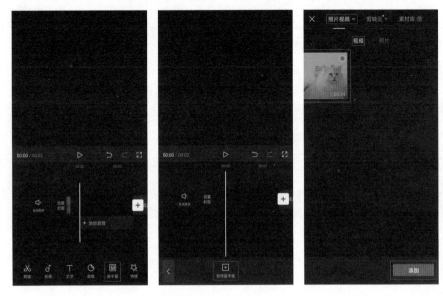

（13）选择"画中画"轨道上的01.mp4素材文件，在"工具栏"面板中点击"编辑"→"裁剪"按钮。

（14）在弹出的"裁剪"面板中点击"1:1"按钮，然后在"播放"面板中设置合适的位置。

（15）在"播放"面板中设置文件到合适的大小与位置，然后设置猫.mp4素材文件的持续时间与视频的结束时间相同。在"工具栏"面板中点击"动画"按钮。

（16）在弹出的"动画"面板中选择"入场动画"→"左右抖动"动画，设置持续时间为1.4s。

（17）将时间线滑动至1秒02帧位置，在"时间轴"面板中点击"画画"→"新增画中画"按钮。

（18）在弹出的面板中点击"照片视频"→"视频"按钮，选择之前导出的文字视频，然后点击"添加"按钮。

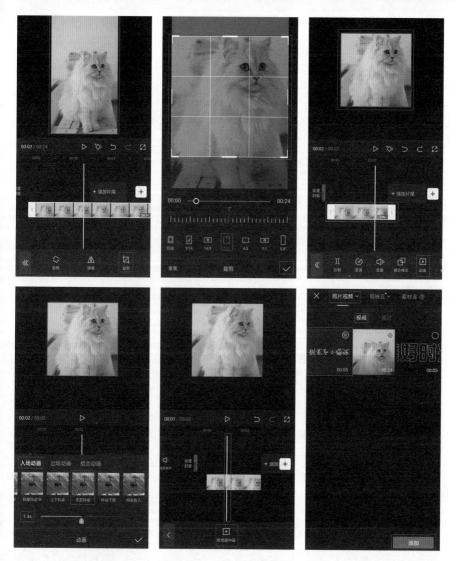

（19）将视频文件移动至合适的位置，然后设置文字视频的结束时间与视频的结束时间相同。在弹出的"工具栏"面板中点击"混合模式"按钮。

（20）在弹出的"混合模式"面板中点击"滤色"按钮。

（21）在"时间轴"面板中点击空白位置，将时间线滑动至起始位置，然后在"工具栏"面板中点击"特效"按钮。

（22）在弹出的面板中点击"画面特效"按钮。

（23）在"特效"面板中选择 Bling →"摘星星 II"特效。

（24）将时间线滑动至起始位置，然后点击"画面特效"按钮。

（25）在"特效"面板中选择 Bling →"闪亮登场 II"特效。

（26）将时间线滑动至 1 秒 02 帧位置，然后点击"画面特效"按钮。

（27）在"特效"面板中选择"光"→"发光"特效。

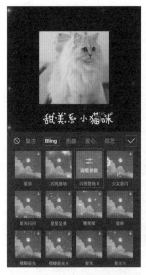
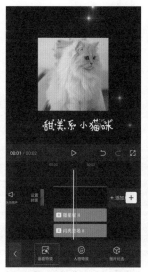
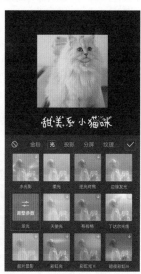

（28）将时间线滑动至起始位置，然后点击"画面特效"按钮。

（29）在"特效"面板中选择"基础"→"变清晰Ⅱ"特效。

（30）将时间线滑动至 1 秒 02 帧位置，然后点击"画面特效"按钮。

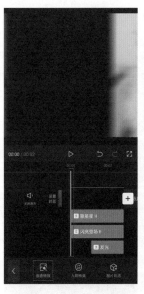

（31）在"特效"面板中选择"氛围"→"星火炸开"特效。

（32）继续选择"星火炸开"特效，在"工具栏"面板中点击"作用对象"按钮。

（33）在弹出的"作用对象"面板中点击"全局"按钮。

（34）选择"变清晰Ⅱ"特效，在"工具栏"面板中点击"作用对象"按钮。

（35）在弹出的"作用对象"面板中点击"全局"按钮，然后使用同样的方法设置剩余特效的作用对象为"全局"。

（36）将时间线滑动至起始位置，在"工具栏"面板中点击"音频"→"音乐"按钮。

（37）在弹出的"添加音乐"面板中点击"萌宠"按钮，在弹出的"萌宠"面板中选择合适的音频文件，然后点击"使用"按钮。设置音频的结束时间与视频的结束时间相同。此时本实例制作完成。

3.3　实例：剪辑风景短视频

本实例首先使用"文字"工具创建文字并导出文字视频效果；然后添加关键帧、蒙版和滤镜制作视频滑动变色效果；接着使用"混合模式"制作文字效果，并使用"文字"工具制作文字动画与文字效果；最后添加"特效"与合适的音频文件制作丰富画面。

扫码看教程

（1）打开剪映，点击"开始创作"按钮，点击"素材库"→"热门"按钮，选择黑色视频，点击"添加（1）"按钮并设置持续时间为5s。

（2）将时间线滑动至起始位置，在"工具栏"面板中点击"文字"→"新建文本"按钮。

（3）在弹出的面板中输入合适的文字内容，然后点击"字体"→"热门"按钮，选择合适的字体内容，然后点击"样式"→"文字"按钮，设置文字字号为12。

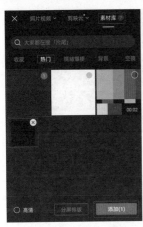

（4）点击"动画"→"入场"按钮，选择"向上露出"动画。

（5）将时间线滑动至 18 帧位置，点击 ◇（添加关键帧）按钮。

（6）将时间线滑动至 23 帧位置，在"播放"面板中设置合适的文字大小。

（7）设置文字的持续时间与视频的持续时间相同。

（8）将时间线滑动至起始位置，在"工具栏"面板中点击"新建文本"按钮。

（9）在弹出的面板中输入合适的文字内容，然后点击"字体"→"热门"按钮，选择合适的字体内容。然后在"播放"面板中将其移动至合适的位置。

（10）点击"动画"→"入场"按钮，选择"向上露出"动画。

（11）点击"动画"→"出场"按钮，选择"向左解散"动画。

（12）选择在（3）中输入的文字，设置文字的结束时间为 1 秒 14 帧。

（13）将时间线滑动至 1 秒 14 帧位置，在"工具栏"面板中点击"新建文本"按钮。

（14）在弹出的面板中输入合适的文字内容，然后点击"字体"→"热门"按钮，选择合适的字体内容。然后在"播放"面板中将其移动至合适的位置。

（15）点击"样式"→"文字"按钮，设置"字号"为 9。

（16）点击"动画"→"入场"按钮，选择"向右集合"动画。

（17）设置在（3）中输入的文字图层的结束时间与视频的结束时间相同。

（18）此时文字已设置完成，然后点击"导出"按钮导出文字视频。

（19）新建一个项目，将 01.mp4 素材文件导入剪映。

（20）选择 01.mp4 素材文件，设置 01.mp4 素材文件的结束时间为 2 秒 15 帧，然后点击 + （添加）按钮。

（21）在弹出的面板中点击"照片视频"→"视频"按钮，选择 02.mp4 素材文件，点击"添加"按钮。

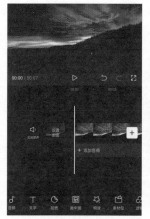 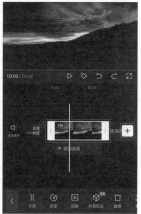 

（22）设置 02.mp4 素材文件的结束时间为 5 秒 09 帧。

（23）点击 + （添加）按钮。

（24）在弹出的面板中点击"照片视频"→"视频"按钮，选择 03.mp4 素材文件，点击"添加"按钮。

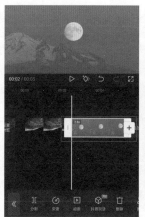  

（25）设置 03.mp4 素材文件的结束时间为 8 秒 09 帧。

（26）使用同样的方法添加剩余的素材文件，并分别设置 04.mp4 素材文件的持续时间为 4s，05.mp4 素材文件的持续时间为 5s，06.mp4 素材文件的持续时间为 1.5s，07.mp4 素材文件的持续时间为 1.4s。

（27）单击 01.mp4 素材文件与 02.mp4 素材文件中间的 | （转场）按钮。

 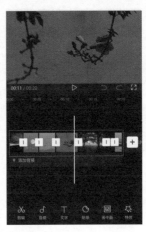 

（28）在弹出的"转场"面板中选择"幻灯片"→"滑动"转场，然后设置持续时间为0.5s。

（29）点击02.mp4素材文件与03.mp4素材文件中间的 | 按钮。

（30）在弹出的"转场"面板中选择"模糊"→"粒子"转场，然后设置持续时间为0.5s。

（31）单击03.mp4素材文件与04.mp4素材文件中间的 | 按钮。

（32）在弹出的"转场"面板中选择"运镜"→"无限穿越II"转场，然后使用同样的方法分别为剩余的素材添加"推进"与"水墨"转场并设置持续时间为0.5s。

（33）将时间线滑动至起始位置，在"工具栏"面板中点击"画中画"按钮。

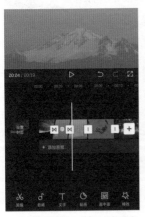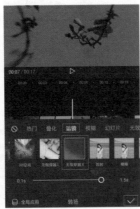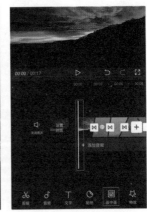

（34）点击"新增画中画"按钮。

（35）在弹出的面板中点击"照片视频"→"视频"按钮，选择导出的文字视频文件，点击"添加"按钮。

（36）在"播放"面板中设置文字到合适的大小，然后设置文字视频的结束时间为 2 秒 08 帧，然后在"工具栏"面板中点击"混合模式"按钮。

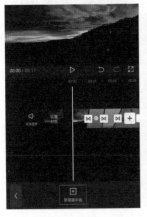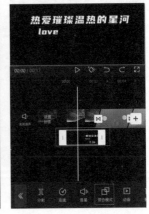

（37）在弹出的"混合模式"面板中点击"滤色"按钮。

（38）在"工具栏"面板中点击"动画"按钮。

（39）在弹出的"动画"面板中选择"出场动画"→"渐隐"动画。

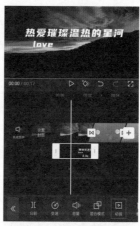

（40）选择 02.mp4 素材文件，在"工具栏"面板中点击"复制"按钮。

（41）选择在（40）中复制的素材文件，在"工具栏"面板中点击"切画中画"按钮。

（42）将"画中画"轨道上的 02.mp4 素材文件移动至主轨道上的 02.mp4 素材文件的起始位置。在"工具栏"面板中点击"滤镜"按钮。

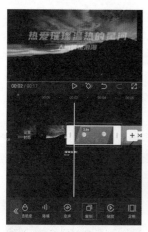

（43）在弹出的"滤镜"面板中选择"夜景"→"暖黄"滤镜。设置"滤镜强度"为 100。

（44）将时间线滑动至 2 秒 24 帧位置，点击◇按钮，然后点击"工具栏"面板中的"蒙版"按钮。

（45）在弹出的"蒙版"面板中选择"线性"蒙版。在"播放"面板中将该蒙版放置到合适的位置。

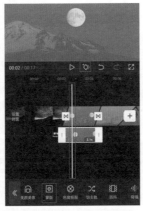

（46）将时间线滑动至 4 秒 02 帧位置，然后点击"工具栏"面板中的"蒙版"按钮。

（47）在弹出的"蒙版"面板中选择"线性"蒙版。在"播放"面板中将该蒙版放置到合适的位置。

（48）选择 03.mp4 素材文件，在"工具栏"面板中点击"复制"按钮。

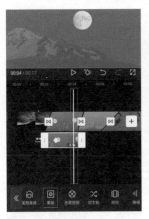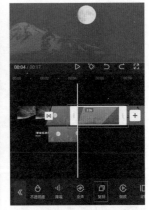

（49）选择在（48）中复制的素材文件，在"工具栏"面板中点击"切画中画"按钮。

（50）将"画中画"轨道上的 03.mp4 素材文件移动至主轨道上的 03.mp4 素材文件的起始位置。在"工具栏"面板中点击"滤镜"按钮。

（51）在弹出的"滤镜"面板中选择"影视级"→"青橙"滤镜。设置"滤镜强度"为100。

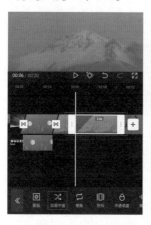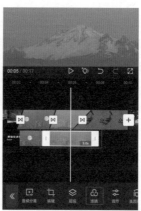

（52）将时间线滑动至5秒10帧位置，点击 按钮，然后点击"工具栏"面板中的"蒙版"按钮。

（53）在弹出的"蒙版"面板中选择"线性"蒙版。在"播放"面板中将该蒙版放置到合适的位置。

（54）将时间线滑动至6秒02帧位置，然后点击"工具栏"面板中的"蒙版"按钮。

（55）在弹出的"蒙版"面板中选择"线性"蒙版。在"播放"面板中将该蒙版放置到合适的位置。

（56）使用同样的方法复制并使用关键帧、滤镜、蒙版制作04.mp4与

05.mp4 素材文件的滑动颜色变化效果，然后为 06.mp4 与 07.mp4 素材文件添加合适的滤镜效果。

（57）将时间线滑动至 3 秒 03 帧位置，在"工具栏"面板中点击"文字"→"新建文本"按钮。

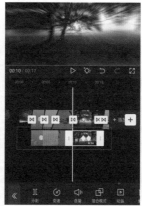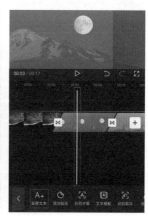

（58）在弹出的面板中输入合适的文字内容，然后点击"字体"→"热门"按钮，选择合适的字体内容。

（59）点击"样式"→"文字"按钮，设置"字号"为 9。

（60）点击"动画"→"入场"按钮，选择"右下擦开"动画。设置持续时间为 0.5s。

（61）设置文字的结束时间为 4 秒 12 帧。

（62）将时间线滑动至 5 秒 23 帧位置，在"工具栏"面板中点击"文字"→"新建文本"按钮。

（63）在弹出的面板中输入合适的文字内容，然后点击"字体"→"热门"按钮，选择合适的字体内容。

（64）点击"样式"→"文字"按钮，设置"字号"为9。

（65）点击"动画"→"入场"按钮，选择"逐字显影"动画。设置持续时间为0.5s。

（66）设置文字的结束时间为7秒11帧，然后接着使用同样的方法在合适的位置添加文字并设置合适的字体内容、文字动画与文字时长。

（67）将时间线滑动至14秒16帧位置，在"工具栏"面板中点击"特效"按钮。

（68）在弹出的"特效"面板中选择"氛围"→"星火"特效。

（69）将时间线滑动至起始位置，在"工具栏"面板中点击"画面特效"按钮。

  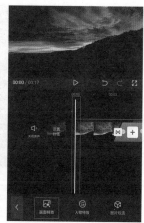

（70）在弹出的"特效"面板中选择"复古"→"复古发光"特效。

（71）设置特效的持续时间与视频的结束时间相同。然后在"工具栏"面板中点击"作用对象"按钮。

（72）在弹出的"作用对象"面板中点击"全局"按钮。

（73）将时间线滑动至起始位置，在"工具栏"面板中点击"音频"→"音乐"按钮。

（74）在弹出的"添加音乐"面板中点击"抖音"按钮，在弹出的"抖音"面板中选择合适的音频文件。然后点击"使用"按钮。设置音频的结束时间与视频的结束时间相同。此时本实例制作完成。

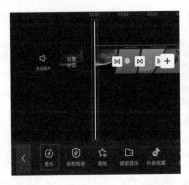

3.4　实例：剪辑旅行视频片头

扫码看教程

本实例首先使用"蒙版"与"动画"工具制作风景出现的画面效果；然后使用"文字模板"创建文字丰富画面效果；最后添加合适的音频文件制作音频效果。

（1）将01.mp4素材文件导入剪映。

（2）选择01.mp4素材文件并设置结束时间为18秒07帧，然后在"工具栏"面板中点击"动画"按钮。

（3）在弹出的"动画"面板中选择"入场动画"→"向右上甩入"动画。

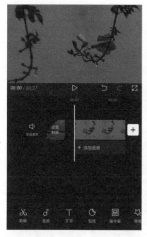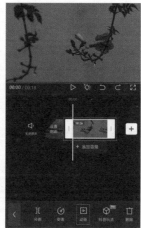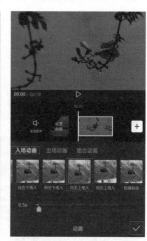

（4）在"工具栏"面板中点击"蒙版"按钮。

（5）在弹出的"蒙版"面板中选择"镜面"蒙版。然后在"播放"面板中设置"蒙版"到合适的位置与角度。将素材文件移动至画面的合适位置。

（6）将时间线滑动至起始位置，在"工具栏"面板中点击"画中画"按钮。

（7）点击"新增画中画"按钮。

（8）在弹出的面板中点击"照片视频"→"视频"按钮，选择02.mp4素材文件，点击"添加"按钮。

（9）选择02.mp4素材文件，设置02.mp4素材文件的结束时间与

01.mp4 素材文件的结束时间相同。在"播放"面板中设置 02.mp4 素材文件到合适的大小，然后在"工具栏"面板中点击"蒙版"按钮。

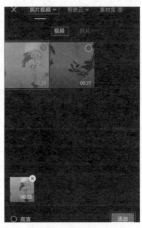

（10）在弹出的"蒙版"面板中选择"镜面"蒙版。然后在"播放"面板中设置"蒙版"到合适的位置与角度。将素材文件移动至画面的合适位置。

（11）在"工具栏"面板中点击"动画"按钮。

（12）在弹出的"动画"面板中选择"入场动画"→"向左上甩入"动画。

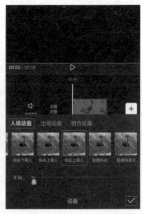

（13）将时间线滑动至起始位置，在"工具栏"面板中点击"新增画中画"按钮。

（14）在弹出的面板中点击"照片视频"→"视频"按钮，选择 03.mp4

素材文件，点击"添加"按钮。

（15）选择 03.mp4 素材文件，在"工具栏"面板中点击"蒙版"按钮。

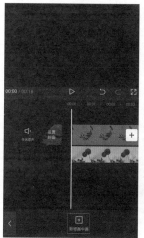

（16）在弹出的"蒙版"面板中选择"镜面"蒙版。在"播放"面板中设置"蒙版"到合适的位置与角度。将素材文件移动至画面的合适位置。

（17）在"工具栏"面板中点击"动画"按钮。

（18）在弹出的"动画"面板中选择"入场动画"→"轻微抖动"动画。并设置动画的持续时间为 3s。

（19）将时间线滑动至起始位置，在"工具栏"面板中点击"文字"→"文字模板"按钮。

（20）在弹出的"文字模板"面板中点击"旅行"按钮，选择合适的文字模板。

（21）将时间线滑动至起始位置，在"工具栏"面板中点击"音频"→"音乐"按钮。

（22）在弹出的"添加音乐"面板中搜索"看得最远的地方"，在"搜索"面板中选择合适的音频文件，点击"使用"按钮添加音频，然后设置音频的结束时间与视频的结束时间相同。此时本实例制作完成。

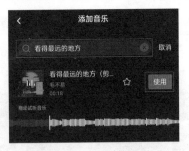

第4章

使用"素材包"为视频添加效果

 本章内容简介

在本章中，将学习如何巧妙地使用"素材包"为视频增添新的色彩和生动感。通过实例的讲解，将了解如何轻松运用"素材包"，使画面效果更丰富，更有趣味性。

 重点知识掌握

▸ 为视频添加"素材包"

扫码看教程

4.1　实例：使用"素材包"制作跳舞短视频

本实例首先为素材文件设置合适的持续时间；然后使用"素材包"制作文字与动画效果；最后使用"音乐"工具为视频添加音乐。

（1）将01.mp4素材文件导入剪映。

（2）选择素材文件并设置其持续时间为5s。将时间线滑动至01.mp4素材文件的结束位置，点击 + 按钮。

（3）在弹出的"素材"面板中点击"照片视频"→"视频"按钮，选择02.mp4～04.mp4素材文件。

（4）选择02.mp4素材文件，设置02.mp4素材文件的持续时间为5s。

（5）选择03.mp4素材文件，设置03.mp4素材文件的持续时间为5s。

（6）选择04.mp4素材文件，设置04.mp4素材文件的持续时间为5s。

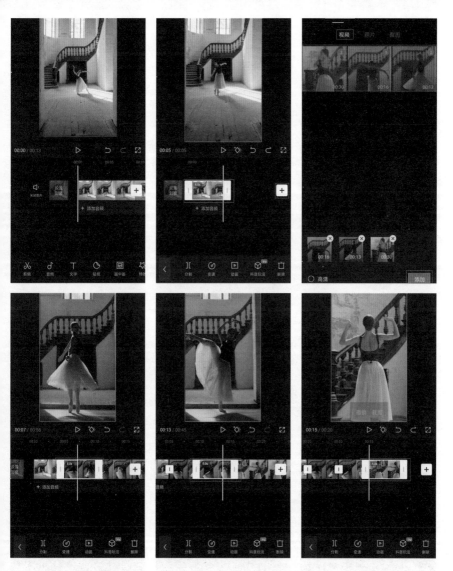

（7）将时间线滑动至起始位置，在"工具栏"面板中点击"素材包"按钮。

（8）在弹出的"素材包"面板中点击"片头"按钮，选择合适的"素材包"。

（9）将时间线滑动至5s位置，然后点击"新增素材包"按钮。

（10）在弹出的"素材包"面板中点击 VLOG 按钮，选择合适的"素材包"。

（11）设置在（10）中添加的"素材包"的结束时间为 15s，并选择该"素材包"，在"工具栏"面板中点击"打散"按钮。

（12）在"工具栏"面板中点击"文字"按钮，选择文字图层，在"工具栏"面板中点击"删除"按钮。

（13）将时间线滑动至 15 秒 04 帧位置，在"工具栏"面板中点击"新增素材包"按钮。

（14）在弹出的"素材包"面板中点击"片尾"按钮，选择合适的"素材包"。

（15）将时间线滑动至起始位置，在"工具栏"面板中点击"音频"→"音乐"按钮。最后添加合适的音频并设置音频文件的结束时间与视频的结束时间相同。此时本实例制作完成。

4.2　实例：假日游玩短视频

扫码看教程

本实例首先为素材文件设置合适的持续时间；然后使用"素材包"为画面添加文字与动画效果制作 Vlog 效果；接着使用"文字"工具修改文字内容；最后使用"音乐"工具为视频添加音乐。

（1）将01.mp4素材文件导入剪映。

（2）设置01.mp4素材文件的持续时间为5s，然后将时间线滑动至01.mp4素材文件的结束位置，点击➕按钮。

（3）在弹出的"素材"面板中点击"照片视频"→"视频"按钮，选择02.mp4～04.mp4素材文件，然后点击"添加"按钮。

（4）设置02.mp4素材文件的持续时间为5s。

（5）设置03.mp4素材文件的持续时间为5s，并设置其他素材文件的持续时间为5s。

（6）点击01.mp4与02.mp4素材文件之间的 I 按钮。

 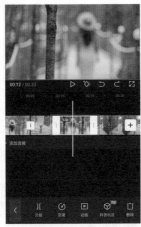 

（7）在弹出的"转场"面板中点击"叠化"按钮，选择"叠化"转场。

（8）点击 02.mp4 与 03.mp4 素材文件之间的 ▯ 按钮。

（9）在弹出的"转场"面板中点击"叠化"按钮，选择"叠化"转场。

 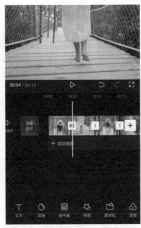 

（10）点击 03.mp4 与 04.mp4 素材文件之间的 ▯ 按钮。

（11）在弹出的"转场"面板中点击"叠化"按钮，选择"叠化"转场。

（12）将时间线滑动至起始位置，在"工具栏"面板中点击"素材包"按钮。

（13）在弹出的"素材包"面板中点击"片头"按钮，选择合适的素材包。

（14）将时间线滑动至4秒19帧位置，然后点击"新增素材包"按钮。

（15）在弹出的"素材包"面板中点击"旅行"按钮，选择合适的素材包。

（16）设置在（15）中添加的素材包的结束时间为13秒18帧。

（17）将时间线滑动至13秒18帧位置，然后点击"新增素材包"按钮。

（18）在弹出的"素材包"面板中点击"片尾"按钮，选择合适的素材包。

（19）选择在（18）中添加的素材包，在"工具栏"面板中点击"打散"按钮。

（20）在"工具栏"面板中点击"文字"按钮，然后点击文字图层，在"工具栏"面板中点击"编辑"按钮。

（21）在弹出的面板中点击 🔽（切换下一层）按钮，当切换到最后一层时，将文字删除。

（22）将时间线滑动至起始位置，在"工具栏"面板中点击"音频"→"音乐"按钮。

（23）在弹出的"添加音乐"面板中点击"抖音"按钮，在"抖音"面板中选择合适的音频文件，然后点击"使用"按钮并设置音频文件的结束时间与视频的结束时间相同。此时本实例制作完成。

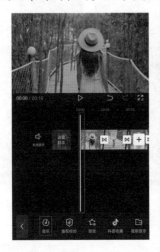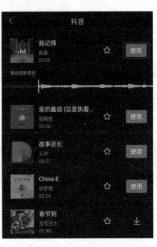

4.3　实例：使用"素材包"制作美食教程短视频

扫码看教程　　本实例首先为素材文件设置合适的持续时间；然后使用"素材包"为画面添加文字与动画效果制作美食教程效果；接着使用"文字"工具修改文字内容；最后使用"音乐"工具为视频添加音乐。

（1）将 01.mp4 素材文件导入剪映。

（2）设置 01.mp4 素材文件的持续时间为 4s，然后将时间线滑动至 01.mp4 素材文件的结束位置，点击 ＋ 按钮。

（3）在弹出的"素材"面板中点击"照片视频"→"视频"按钮，选择 02.mp4～08.mp4 素材文件，然后点击"添加"按钮。

（4）设置 02.mp4 素材文件的持续时间为 4s。

（5）设置 03.mp4 素材文件的持续时间为 4s，并设置其他素材文件的持续时间为 4s。

（6）将时间线滑动至起始位置，在"工具栏"面板中点击"素材包"按钮。

（7）在弹出的"素材包"面板中点击"美食"按钮，选择合适的素材包。

（8）设置在（7）中添加的素材包的持续时间为1秒20帧。

（9）将时间线滑动至1秒20帧位置，在"工具栏"面板中点击"新增素材包"按钮。

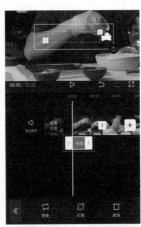

（10）在弹出的"素材包"面板中点击"美食"按钮，选择合适的素材包。

（11）设置在（10）中添加的素材包的结束时间与01.mp4素材文件的结束时间相同。

（12）将时间线滑动至4s位置，在"工具栏"面板中点击"新增素材包"按钮。

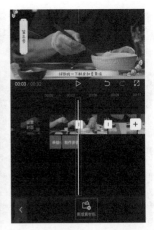

（13）在弹出的"素材包"面板中点击"美食"按钮，选择合适的素材包。

（14）设置刚刚添加的素材包的结束时间为 12s，然后将时间线滑动至 12s 位置，在"工具栏"面板中点击"新增素材包"按钮。

（15）在弹出的"素材包"面板中点击"美食"按钮，选择合适的素材包，然后使用同样的方法为剩余的视频素材添加合适的素材包，并设置合适的持续时间。

 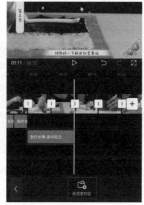 

（16）选择第 1 个素材包，在"工具栏"面板中点击"打散"按钮。

（17）选择其他的素材包，在"工具栏"面板中点击"打散"按钮。

（18）在"工具栏"面板中点击"文字"按钮，然后点击第 1 个文字图层，在"工具栏"面板中点击"编辑"按钮。

 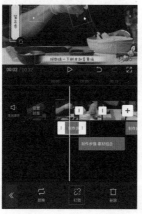 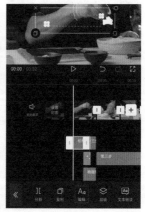

（19）在弹出的"文字"面板中选择合适的字体并修改文字内容。

（20）选择第2个文字图层，在"工具栏"面板中点击"编辑"按钮。

（21）在弹出的"文字"面板中修改文字内容。

（22）点击第3个文字图层，在"工具栏"面板中点击"编辑"按钮。

（23）在弹出的"文字"面板中修改文字内容。

（24）选择第5个文字图层，在"工具栏"面板中点击"删除"按钮。使用同样的方法为其他文字图层修改合适的内容。

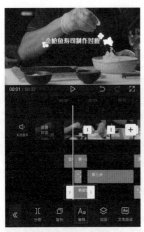  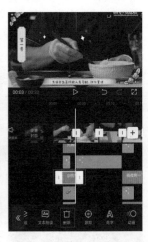

（25）将时间线滑动至起始位置，在"工具栏"面板中点击"音频"→"音乐"按钮。

（26）在弹出的"添加音乐"面板中点击"美食"按钮，在"美食"面板中选择合适的音频文件，然后点击"使用"按钮并设置音频文件的结束时间与视频的结束时间相同。此时本实例制作完成。

第 5 章

为视频调色

 本章内容简介

　　本章将深入探讨视频调色的技巧和流程。通过实例的学习，可以掌握为视频打造专业级色彩风格的方法，从而能为视频营造画面氛围、打造鲜明夺目的视觉效果。

 重点知识掌握

　手动调节视频颜色

　为视频添加滤镜模板快速调色

5.1 实例：春日浪漫短视频

扫码看教程

本实例首先在剪映中使用"滤镜"工具调整画面颜色，达到浪漫的画面效果；然后使用"文字模板"制作文字效果并制作文字动画；最后使用"音频"工具添加音乐。

（1）将 01.mp4 素材文件导入剪映。

（2）点击素材文件，然后在"工具栏"面板中点击"滤镜"按钮。

（3）在弹出的"滤镜"面板中选择"复古胶片"→"三洋 VPC"滤镜，然后设置"滤镜强度"为 100。

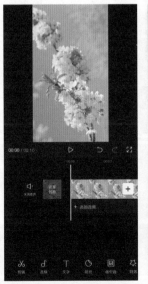
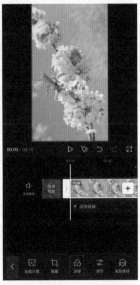

（4）将时间线滑动至起始位置，在"工具栏"面板中点击"音频"→"音乐"按钮。点击"爵士"按钮，选择合适的音频文件，点击"使用"按钮。最后剪辑并删除音频的后半部分，让音频时长与视频时长一致。

（5）将时间线滑动至起始位置，在"工具栏"面板中点击"文本"→"文字模板"按钮。

（6）在弹出的"文字模板"面板中点击"简约"按钮，选择合适的文字模板。此时本实例制作完成。

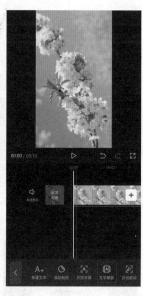

5.2 实例：黑金滤镜调色

扫码看教程

本实例首先在剪映中使用"滤镜"工具调整画面颜色，调整画面的亮度制作画面黑金色调；然后使用"音频"工具添加音乐。

（1）将 01.mp4 素材文件导入剪映。

（2）点击素材文件，然后在"工具栏"面板中点击"滤镜"按钮。

（3）在弹出的"滤镜"面板中选择"黑白"→"黑金"滤镜，然后设置"滤镜强度"为 100。

（4）将时间线滑动至起始位置，在"工具栏"面板中点击"音频"→"音乐"按钮。

（5）在"添加音乐"面板中点击"动感"按钮，在"动感"面板中选择合适的音频文件，点击"使用"按钮。最后剪辑并删除音频的后半部分，让音频时长与视频时长一致。此时本实例制作完成。

5.3 实例：寒冷冬季色调调色

扫码看教程

本实例首先在剪映中使用"滤镜"工具调整画面色调，然后使用"贴纸"工具添加文字，最后使用"音频"工具添加音乐，如图所示。

（1）将 01.mp4 素材文件导入剪映中。

（2）点击素材文件，然后在"工具栏"面板中点击"滤镜"按钮。

（3）在弹出的"滤镜"面板中选择"风景"→"冰原"滤镜，然后设置"滤镜强度"为 100。

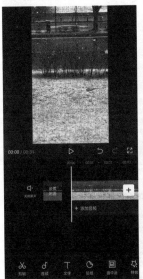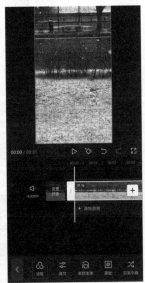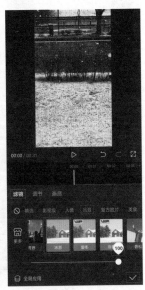

（4）将时间线滑动至起始位置，在"工具栏"面板中点击"贴纸"按钮。

（5）在弹出的"贴纸"面板中点击"搜索栏"，搜索"你和冬天如约而至"，设置合适的贴纸。

（6）选择刚刚添加的贴纸，在"播放"面板中设置"贴纸"到合适的位置与大小。

（7）将时间线滑动至起始位置，在"工具栏"面板中点击"音频"→"音乐"按钮。

（8）在"添加音乐"面板中点击 VLOG 按钮，在 VLOG 面板中选择合适的音频文件，点击"使用"按钮。最后剪辑并删除音频的后半部分，让音频时长与视频时长一致。此时本实例制作完成。

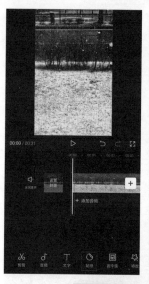

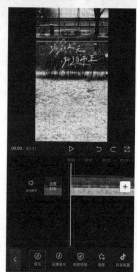

扫码看教程

5.4 实例：动漫感色调调色

本实例首先在剪映中使用"调节"工具调整画面颜色，调整画面的亮度制作动漫色调；然后使用"特效"工具制作画面解锁的效果；最后使用"音频"工具添加音乐。

（1）将 01.mp4 素材文件导入剪映中。

（2）点击"关闭原声"按钮，将时间线滑动至起始位置，在"工具栏"面板中点击"调节"按钮。

（3）在弹出的"调节"面板中点击"亮度"按钮，设置"亮度"为 5。

（4）点击"对比度"按钮，设置"对比度"为 5。

（5）点击"饱和度"按钮，设置"饱和度"为 35。

（6）点击"光感"按钮，设置"光感"为 15。

（7）点击"锐化"按钮，设置"锐化"为5。

（8）点击HSL，然后点击HSL面板中的绿色通道，设置"饱和度"为-8，"亮度"为-12。

（9）点击"阴影"按钮，设置"阴影"为10。

（10）将时间线滑动至起始位置，在"工具栏"面板中点击"特效"按钮。

（11）点击"画面特效"按钮，在弹出的面板中选择"基础"→"零点解锁"特效。设置完成后点击 ☑（确定）按钮。

（12）将时间线滑动至起始位置，在"工具栏"面板中点击"音频"→"音乐"按钮。在"添加音乐"面板中点击"搜索栏"，搜索"所念皆星河"并选择合适的音频文件，点击"使用"按钮。最后剪辑并删除音频的后半部分，让音频时长与视频时长一致。此时本实例制作完成。

5.5　实例：日系暖色调调色

本实例首先在剪映中使用"滤镜"工具为画面添加滤镜，调整画面颜色、亮度等，制作画面的暖色调效果；然后使用"文字模板"工具添加文字与文字动画；最后使用"音频"工具为视频添加音乐。

扫码看教程

（1）将01.mp4素材文件导入剪映中。

（2）点击素材文件，接着在"工具栏"中点击"滤镜"按钮。

（3）在弹出的"滤镜"面板中选择"夜景"→"橙蓝"滤镜，然后设置"滤镜强度"为100。

（4）将时间线滑动至起始位置，在"工具栏"面板中点击"文本"→"文字模板"按钮。

（5）在弹出的"文字模板"面板中点击"手写字"按钮，选择合适的文字模板。

（6）将时间线滑动至起始位置，在"工具栏"面板中点击"音频"→"音乐"按钮。然后在"添加音乐"面板中点击"抖音"按钮，在

"抖音"面板中选择合适的音频文件，点击"使用"按钮。最后剪辑并删除音频的后半部分，让音频时长与视频时长一致。此时本实例制作完成。

5.6　实例：影片调色效果

扫码看教程

　　本例在剪映中使用"滤镜"工具为画面添加滤镜，调整画面颜色使画面像复古影片的效果。接着使用"文字模板"工具添加文字与文字动画并使用"音频"工具为视频添加音乐。如图所示。

　　（1）将 01.mp4 素材文件导入剪映中。此时画面中素材文件颜色。如图所示。

　　（2）点击素材文件，接着在"工具栏"中点击"滤镜"工具。如图所示。

（3）在弹出的"滤镜"面板中点击"黑白"/"快照I"滤镜。接着设置"滤镜强度"为100。如图所示。

（4）接着将时间线滑动至起始时间位置处，在"工具栏"面板中点击"文字"/"文字模板"工具。如图所示。

（5）在弹出"文字模板"面板中点击"片头标题"选择合适的文字模板。如图所示。

（6）将时间线滑动至起始时间位置处，在"工具栏"面板中点击"音频"/"音乐"。接着在"添加音乐"面板中点击"搜索栏"，搜索"Wake"选择合适的音频文件，点击"使用"按钮。最后剪辑并删除音频的后半部分，让音频与视频时长一致。如图所示。

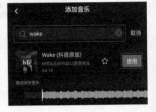

第6章

为视频添加文字

 本章内容简介

　　本章详细地阐述了如何通过添加文字、编辑文字以及制作文字动画来增强视频的视觉效果。通过本章的学习，可以掌握如何将文字作为一种强大的视觉工具在视频中有效地传递信息。这不仅可以使视频内容更加清晰易懂，而且可以增加视频的艺术魅力，让视频变得更富有表现力和动感。

 重点知识掌握

- 创建文字
- 编辑文字
- 识别歌词
- 文字动画

扫码看教程

6.1　实例：镜面文字

本案例使用"文字"工具创建文字并使用关键帧制作文字出现效果，使用"滤镜"制作画面背景，并使用"画中画"与"混合模式"制作出文字浮出水面的效果。如图所示。

（1）打开剪映 App，点击"开始创作"／"素材库"，选择合适的黑色背景视频。点击"添加"按钮。设置黑色视频素材文件的结束时间为 5 秒。如图所示。

（2）在"工具栏"面板中点击"文字"工具。如图所示。

（3）接着在弹出的面板中输入合适的文字内容，点击"字体"，选择合适的字体。如图所示。

（4）在"时间轴"面板中设置文字图层与视频结束时间相同。如图所示。

（5）将时间线滑动至起始时间位置处，在"播放"面板中移动至合适的位置处，点击◇（添加锚点）按钮。如图所示。

（6）接着将时间线滑动至 1 秒 15 帧位置处，在"播放"面板中移动至合适的位置处。如图所示。

（7）接着将时间线滑动至 3 秒 15 帧位置处，点击◇（添加锚点）按钮。如图所示。

（8）接着将时间线滑动至结束时间位置处，在"播放"面板中将文字内容移动至合适的位置处。如图所示。

（9）接着将时间线滑动至起始时间位置处，在"工具栏"面板中点击"新建文本"工具。如图所示。

（10）在弹出的面板中的文字栏中输入"-"，点击"字体"/"热门"，选择合适的字体。如图所示。

（11）将时间线滑动至1秒15帧位置处，在"工具栏"面板中点击"编辑"工具，接着点击"样式"/"文本"，"字号"为75，并在播放面板中调整文字的大小及位置，如图所示。

（12）接着点击"文本"，设置"文字颜色"为黑色，如图所示。

（13）设置刚刚输入的文字图层的结束时间与视频结束相同。如图所示。

（14）视频文字制作完成后，点击"导出"按钮。如图所示。

（15）接着将01.mp4素材文件导入剪映中。如图所示。

（16）在"时间轴"面板中点击视频素材，将时间线滑动至 5 秒位置处，在"工具栏"面板中点击"分割"工具。如图所示。

（17）接着选择时间线后方的视频文件，在"工具栏"面板中单击"删除"按钮。如图所示。

（18）接着选择时间线前方的视频文件，在"工具栏"面板中点击"滤镜"工具。如图所示。

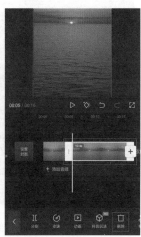

（19）在弹出的"滤镜"面板中点击"风景"，选择"晴空"效果。设置"滤镜强度"为 100。如图所示。

（20）接着点击"工具栏"面板中"画中画"工具。如图所示。

（21）在弹出的面板中点击"新增画中画"按钮。如图所示。

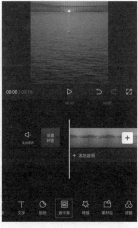

（22）在弹出的面板中点击"照片视频"/"视频"，选择之前导出的文字视频。单击"添加"按钮。如图所示。

（23）在"播放"面板中将文字视频放大至合适的大小。在"工具栏"面板中点击"混合模式"工具。如图所示。

（24）在弹出的"混合模式"面板中点击"滤色"。如图所示。

（25）接着选择画中画视频文件在"工具栏"面板中点击"复制"工具。如图所示。

（26）将刚刚复制的画中画视频文件移动至轨道文字下方。接着在"工具栏"面板中点击"混合模式"工具。如图所示。

（27）在弹出的"混合模式"面板中设置"滤色"的不透明度为49。如图所示。

（28）接着在"工具栏"面板中点击"编辑"工具。如图所示。

（29）接着点击两次"旋转"工具，然后点击"镜像"工具。如图所示。

（30）接着在"播放"面板中将旋转后的文字向下拖曳到水面上，制作文字倒影的效果。如图所示。此时本案例完成。

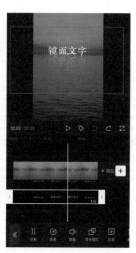

6.2　实例：文字逐渐显现

本案例根据音频文件，使用"文字工具"制作文字逐渐显现的效果。并添加文字动画制作文字动态效果。如图所示。

扫码看教程

（1）打开剪映 App，点击"开始创作"/"素材库"，选择合适的黑色背景视频。点击"添加"按钮。设置黑色视频素材文件的结束时间为 7 秒。如图所示。

（2）将时间线滑动至起始时间位置处，在"工具栏"面板中点击"音频"/"音乐"。接着在弹出的"添加音乐"面板中搜索"落在生命里的光"，选择合适的音频文件。点击"使用"按钮。如图所示。

（3）接着设置音频文件与视频文件的结束时间相同。如图所示。

（4）点击"工具栏"面板中点击"文字"/"识别歌词"工具。如图所示。

（5）在弹出的"识别歌词"面板中，点击"开始匹配"工具。如图所示。

（6）点击选择刚刚识别的歌词文字图层，在"工具栏"面板中点击"编辑"工具。如图所示。

（7）在弹出的面板中点击"字体"/"热门"，选择合适的字体。如图所示。

（8）接着点击"样式"/"文本"，设置"字号"为11。如图所示。

（9）在"播放"面板中将文字移动至画面中间的位置处。如图所示。

（10）将时间线滑动至4帧位置处，在"工具栏"面板中点击"新建文本"工具。如图所示。

（11）在"文字栏"中输入"你"字，点击"字体"/"书法"，设置与之前的文字相同字体。如图所示。

（12）接着点击"样式"/"文本"，设置"字号"为11。如图所示。

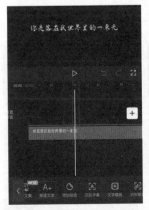

（13）在"播放"面板中将"你"字移动至与识别歌词的文字图层中"你"字相同的位置。如图所示。聆听音乐，在"时间轴"面板中设置"你"

字的结束时间与音频中文字结束时间相同。并单击"编辑"工具。如图所示。

（14）接着在弹出的面板中点击"动画"/"入场"，选择"逐字显影"动画，设置"动画时长"为 0.1s。如图所示。

（15）将时间线滑动至 12 帧位置处，在"工具栏"面板中点击"新建文本"工具。如图所示。

（16）在"文字栏"中输入"是"字，点击"字体"/"热门"，设置与之前的文字相同字体。如图所示。

（17）在"播放"面板中将"是"字移动至与识别歌词的文字图层中"是"字相同的位置。如图所示。

（18）点击"动画"/"入场"，选择"逐字显影"动画，设置"动画时长"为 0.1s。如图所示。

（19）聆听音乐，设置"是"字的结束时间与音频中文字结束时间相同。如图所示。

（20）接着使用同样的方法制作剩余的文字。选择之前识别的歌词的第一句，在"工具栏"面板中点击"删除"工具。如图所示。

（21）接着点击识别歌词的第二句文字图层，在"工具栏"面板中点击"编辑"工具。如图所示。

（22）在弹出的面板中点击"动画"/"入场"，选择"羽化向左擦开"动画。如图所示。

（23）文字视频制作完成后，点击"导出"按钮。如图所示。

（24）将01.mp4素材文件导入剪映，将时间线滑动至起始时间位置处，在"工具栏"面板中点击"音频"/"音乐"工具。接着在弹出的"添加音乐"面板中搜索"等风也等卿"，选择合适的音频文件。点击"使用"按钮。如图所示。

（25）接着设置音频文件与视频文件的结束时间为 7 秒。如图所示。

（26）将时间线滑动至起始时间位置处，在"工具栏"面板中点击"画中画"工具。如图所示。

（27）在弹出的面板中点击"新增画中画"工具。如图所示。

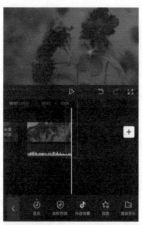  

（28）接着在弹出的面板中点击"照片视频"/"视频"，选择刚刚导出的文字视频，点击"添加"工具。如图所示。

（29）在"播放"面板中设置文字视频合适的大小。在"工具栏"面板中点击"混合模式"工具。如图所示。

（30）在弹出的"混合模式"面板中点击"滤色"。如图所示。

 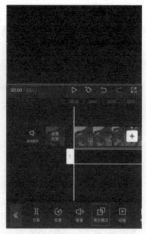 

6.3　实例：制作片头文字动画

扫码看教程

　　本实例首先使用"文字"工具制作文字；然后使用"文字动画"工具制作文字动态效果；最后使用"蒙版"工具制作文字分开播放的视频效果。

　　（1）打开剪映 App，点击"开始创作"→"素材库"按钮，选择合适的黑色背景视频，点击"添加（1）"按钮。设置黑色视频素材文件的结束时间为 5s。

　　（2）将时间线滑动至起始位置，在"工具栏"面板中点击"文字"按钮。

　　（3）在"工具栏"面板中点击"新建文本"按钮。

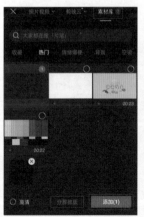 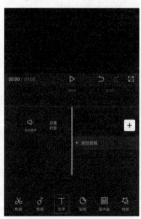 

　　（4）在"文字栏"中输入合适的文字内容，然后点击"字体"→"英文"按钮，选择合适的字体。

（5）设置文字图层的结束时间与视频的结束时间相同。在"工具栏"面板中点击"编辑"按钮。

（6）在弹出的面板中点击"样式"→"文字"按钮，设置"字号"为40。点击"粗斜体"→"倾斜"按钮，设置加粗倾斜效果。

（7）点击"动画"→"入场"按钮，选择"收拢"动画。

（8）此时文字动画已设置完成，点击"导出"按钮导出文字视频。

（9）再次新建一个项目。将01.mp4素材文件导入剪映。

（10）选择素材文件，将时间线滑动至5s位置。在"工具栏"面板中点击"分割"按钮。

（11）点击"时间线"后方的素材文件，在"工具栏"面板中点击"删除"按钮。

（12）点击"时间轴"面板中的视频，在"工具栏"面板中点击"画中画"按钮。

（13）在弹出的面板中点击"新增画中画"按钮。

（14）在弹出的面板中点击"照片视频"→"视频"按钮，选择之前导出的文字视频文件，点击"添加"按钮。

（15）在"播放"面板中设置视频到合适的大小。在"工具栏"面板中点击"混合模式"按钮。

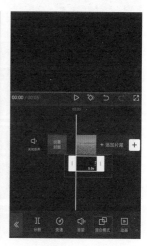

（16）在弹出的"混合模式"面板中点击"变暗"按钮。

（17）将时间线滑动至 2s 位置，在"时间轴"面板点击◇按钮。

（18）在"工具栏"面板中点击"蒙版"按钮。

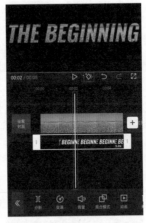

（19）在弹出的"蒙版"面板中选择"线性"蒙版。

（20）在"播放"面板中将蒙版设置到合适的位置。

（21）点击"时间轴"面板中的空白位置，将时间线滑动至 2 秒 15 帧位置，点击◇按钮。在"工具栏"面板中点击"蒙版"按钮。

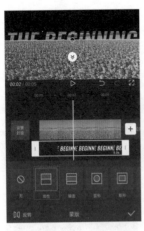

（22）在"播放"面板中将蒙版移至合适位置。

（23）点击"时间轴"面板中的空白位置，选择"画中画"轨道上的文字视频文件。在"工具栏"面板中点击"复制"按钮。

（24）将在（23）中复制的文字视频文件移动至原文字视频文件的正下方。

（25）选择第 2 个"画中画"上的文字视频文件，将时间线滑动至 2s 位置，在"工具栏"面板中点击"蒙版"按钮。

（26）在"播放"面板中将蒙版设置到合适位置。

（27）点击"时间轴"中的空白位置，将时间线滑动至第 2 个关键帧位置，点击"蒙版"按钮。在"播放"面板中将蒙版移动至合适位置。

（28）将时间线滑动至起始位置，在"工具栏"面板中点击"音频"→"音乐"按钮。

（29）在弹出的"添加音乐"面板中点击"抖音"按钮。

（30）在"抖音"面板中选择合适的音频文件，点击"使用"按钮。并
设置音频文件与视频文件的结束时间相同。此时本实例制作完成。

6.4   实例：制作文字跟随人物出现的动画

扫码看教程

本实例首先使用"文字"工具制作文字并导出文字视频；
然后使用"画中画"与"添加关键帧"工具制作文字跟随人物运
动的动画。

（1）打开剪映 App，点击"开始创作"→"素材库"按钮，选择合适的
黑色背景视频，然后点击"添加（1）"按钮。

（2）将时间线滑动至起始位置，在"工具栏"面板中点击"文字"
按钮。

（3）在"工具栏"面板中点击"新建文本"按钮。

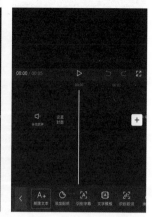

（4）在弹出的"文字栏"中输入文字，点击"字体"按钮，设置合适的
字体。

（5）设置黑色视频背景的持续时间为10s。

（6）设置文字视频的持续时间与视频的持续时间相同。

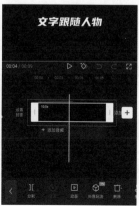

（7）此时文字视频已经设置完成，点击"导出"按钮。

（8）新建一个剪映项目，将人物.mp4素材文件导入剪映。

（9）选择素材文件，在"工具栏"面板中点击"滤镜"按钮。

（10）在弹出的"滤镜"面板中选择"风景"→"绿妍"滤镜，然后设置"滤镜强度"为 100。

（11）在"工具栏"面板中点击"画中画"按钮。

（12）点击"照片视频"→"视频"按钮，选择在（7）中导出的文字视频文件，然后点击"添加"按钮。

（13）在"播放"面板中将文字视频放大到合适的大小。在"工具栏"面板中点击"混合模式"按钮。

（14）在弹出的"混合模式"面板中点击"滤色"按钮。

（15）设置"画中画"轨道上的文字视频的结束时间与视频的结束时间相同。

（16）将时间线滑动至起始位置，在"播放"面板中将文字移至人物后方的位置处，然后点击◇按钮。

（17）将时间线滑动至结束位置，将文字移至人物后方。制作出文字跟随人物进行运动的动画。此时本实例制作完成。

6.5 实例：识别歌词制作字幕效果

本实例首先使用"音频"工具添加音乐；然后使用"识别文字"工具创建文字并设置合适的文字大小与样式。

扫码看教程

（1）将 01.mp4 素材文件导入剪映。将时间线滑动至起始位置，在"工具栏"面板中点击"音频"按钮。

（2）点击"音乐"按钮。在弹出的"添加音乐"面板中搜索"万千"并选择合适的音频文件。点击"使用"按钮并设置音频文件与视频文件的结束时间相同。

（3）将时间线滑动至起始位置，在"工具栏"面板中点击"文字"→"识别歌词"按钮。

（4）在弹出的"识别歌词"面板中点击"开始匹配"按钮。

（5）选择在（3）中添加的文字，在"工具栏"面板中点击"编辑"按钮。

（6）在弹出的面板中点击"字体"→"手写"按钮，选择合适的文字
字体。

（7）点击"样式"按钮，点击 （取消文字样式）按钮，点击"文字"
按钮，然后设置"字号"为 13。此时本实例制作完成。

第7章
模拟"炫酷"的特效

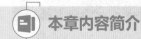 本章内容简介

　　本章将深入探讨如何制作令人眼前一亮的特效，从而使视频更吸引人，本章将通过对实例进行分析，引导读者一步一步地学习如何巧妙地运用特效。特效不仅能赋予视频强大的视觉冲击力，而且能激发观众的想象力，增强读者的观看体验。添加特效的目的是使视频在视觉上更有吸引力。

　　◎ 重点知识掌握

　　↪ 画面特效
　　↪ 人物特效

7.1　实例：画面分割特效

扫码看教程

本实例首先使用"特效"工具制作视频分割三格效果与飘雪效果；然后使用"文字模板"工具添加文字并制作动画效果；最后添加音频丰富画面。

（1）将 01.mp4 素材文件导入剪映。

（2）将时间线滑动至起始位置，在"工具栏"面板中点击"特效"按钮。

（3）点击"画面特效"按钮。

（4）在"特效"面板中选择"漫画"→"三格漫画"特效。

（5）设置刚刚添加的特效的结束时间与视频的结束时间相同。在"工具栏"面板中点击"作用对象"按钮。

（6）在"作用对象"面板中点击"全局"按钮。

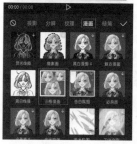

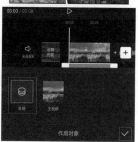

（7）将时间线滑动至起始位置，然后点击"画面特效"按钮。

（8）在"特效"面板中选择"自然"→"大雪纷飞"特效。

（9）设置在（8）中添加的特效的结束时间与视频的结束时间相同。

（10）将时间线滑动至起始位置，在"工具栏"面板中点击"文字模板"按钮。

（11）在"文字模板"面板中点击"简约"按钮，选择合适的文字模板。

（12）在"文字栏"中修改文字内容。

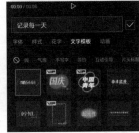

（13）设置文字模板的结束时间为 1 秒 25 帧。

（14）将时间线滑动至起始位置，在"工具栏"面板中点击"音频"→"音乐"按钮。

（15）在弹出的"添加音乐"面板中点击"可爱"按钮，在"可爱"面板中选择合适的音频文件。点击"使用"按钮设置音频文件的结束时间与视频文件的结束时间相同。此时本实例制作完成。

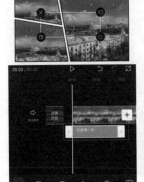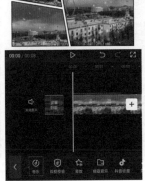

7.2　实例：胶卷滚动效果

本实例首先使用"美颜美体"工具调整画面中人物的身体；然后使用"特效"工具制作从黑白到彩色的胶卷滚动效果；最后使用"音效"与"音乐"工具为画面添加音乐。

扫码看教程

（1）将01.mp4素材文件导入剪映。

（2）选择素材文件。在"工具栏"面板中点击"美颜美体"按钮。

（3）点击"美体"按钮。

（4）在弹出的"智能美体"面板中点击"瘦身"按钮，设置"瘦身"为40。

（5）点击"长腿"按钮，设置"长腿"为30。

（6）点击"瘦腰"按钮，设置"瘦腰"为28。

（7）将时间线滑动至起始位置，在"工具栏"面板中点击"特效"按钮。

（8）点击"画面特效"按钮。

（9）在"特效"面板中选择"基础"→"变彩色"特效。

（10）设置在（9）中添加的特效的结束时间与视频的结束时间相同。将时间线滑动至起始位置，然后点击"人物特效"按钮。

（11）在"特效"面板中选择"身体"→"妖气"特效。

（12）设置在（11）中添加的特效的结束时间与视频的结束时间相同。将时间线滑动至起始位置，然后点击"画面特效"按钮。

（13）在"特效"面板中选择"复古"→"胶片 V"特效。

（14）设置在（13）中添加的特效的结束时间与视频的结束时间相同。在"工具栏"面板中点击"作用对象"按钮。

（15）在弹出的"作用对象"面板中点击"全局"按钮。

（16）将时间线滑动至起始位置，在 "工具栏" 面板中点击 "音效" 按钮。

（17）在 "搜索栏" 中搜索 "老电影胶卷" 并选择合适的音效，然后点击 "使用" 按钮。

（18）将时间线滑动至 1 秒 14 帧位置，在 "工具栏" 面板中点击 "音频" → "音乐" 按钮。

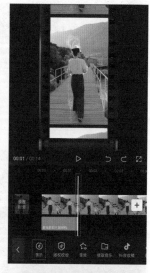

（19）在弹出的 "添加音乐" 面板中点击 "爵士" 按钮，在 "爵士" 面板中选择合适的音频文件，然后点击 "使用" 按钮。设置音频文件的结束时间与视频文件的结束时间相同。此时本实例制作完成。

7.3　实例：制作科技感片头

本实例首先使用 "防抖" 与 "定格" 工具调整视频；然后使用 "添加关键帧" 工具制作视频放大效果；最后为画面添加特效效果，使画面更加丰富、更加具有创意。

扫码看教程

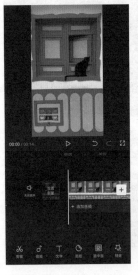

（1）将 01.mp4 素材文件导入剪映。

（2）选择素材文件，在"工具栏"面板中点击"防抖"按钮。

（3）在"防抖"面板中将"防抖"设置为"最稳定"。

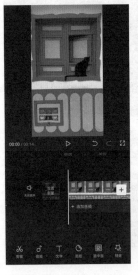
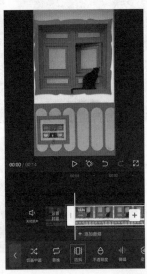
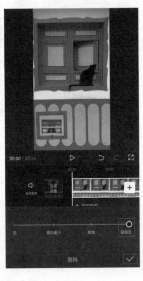

（4）将时间线滑动至起始位置，然后点击◇按钮。

（5）将时间线滑动至 2 秒 22 帧位置，在"播放"面板中将视频设置到合适的大小。

（6）将时间线滑动至 3 秒 21 帧位置，在"工具栏"面板中点击"定格"按钮。

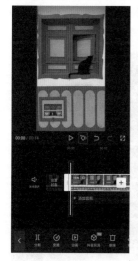
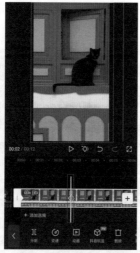

（7）选择定格后方的素材文件，在"工具栏"面板中点击"删除"按钮。

（8）点击素材文件中间的 ☐ 按钮。

（9）在弹出的"转场"面板中选择"叠化"→"闪白"转场。设置"持续时间"为0.5s。

（10）将时间线滑动至起始位置，在"工具栏"面板中点击"特效"→"画面特效"按钮。

（11）在弹出的"特效"面板中选择"潮酷"→"局部色彩"特效。

（12）选择在（11）中添加的特效，设置特效的结束时间为 3 秒 21 帧。

  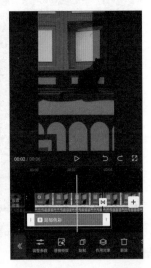

（13）将时间线滑动 3 秒 21 帧位置，在"工具栏"面板中点击"画面特效"按钮。

（14）在弹出的"特效"面板中选择"氛围"→"月亮闪闪"特效。

（15）设置在（14）中添加的特效的结束时间与定格视频的结束时间相同。

（16）将时间线滑动至 3 秒 06 帧位置，然后点击"画面特效"按钮。

（17）在弹出的"特效"面板中选择"投影"→"光线扫描"特效。

（18）设置在（17）中添加的特效的结束时间与视频的结束时间相同。

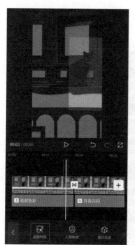

（19）将时间线滑动至起始位置，在"工具栏"面板中点击"文字模板"按钮。

（20）在弹出的"文字模板"面板中点击"科技感"按钮，选择合适的文字模板。

（21）在"文字栏"中输入合适的文字内容，然后点击 ⬆ 按钮。

（22）在"文字栏"中输入合适的文字内容。

（23）将时间线滑动至4秒07帧位置，在"工具栏"面板中点击"音频"→"音效"按钮。

（24）在"音效"面板中搜索"光束音效"并选择合适的音效，然后点击"使用"按钮。

（25）将时间线滑动至起始位置，在"工具栏"面板中点击"音频"→"音乐"按钮。

（26）在弹出的"添加音乐"面板中点击"动感"按钮，在"动感"面板中选择合适的音频文件，然后点击"使用"按钮。设置音频文件的结束时间与视频文件的结束时间相同。此时本实例制作完成。

7.4　实例：添加唯美爱心人物效果

扫码看教程

本实例首先使用"人物特效"工具为人物后方添加爱心的
效果；然后为视频添加音频。

（1）将 01.mp4 素材文件导入剪映。在"工具栏"面板中点击"特效"
按钮。

（2）将时间线滑动至起始位置，在"工具栏"面板中点击"人物特效"
按钮。

（3）在"特效"面板中选择"情绪"→"心动"特效。

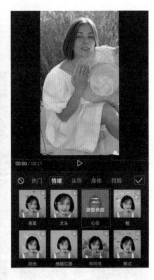

（4）设置特效的结束时间与视频的结束时间相同。

（5）将时间线滑动至起始位置，在"工具栏"面板中点击"贴纸"

按钮。

（6）在弹出的面板中点击"电影感"按钮，选择合适的贴纸。

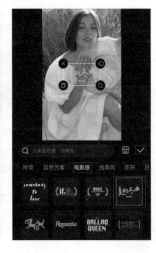

（7）在"播放"面板中设置贴纸到合适的大小。

（8）将时间线滑动至起始位置，在"工具栏"面板中点击"音频"→"音乐"按钮。

（9）在弹出的"添加音乐"面板中点击"抖音"按钮，然后在"抖音"面板中选择合适的音频文件，点击"使用"按钮。设置音频文件的结束时间与视频文件的结束时间相同。此时本实例制作完成。

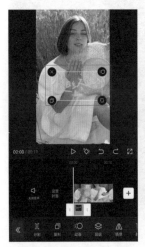

7.5　实例：制作油画绘画效果

扫码看教程

本实例首先使用"抖音玩法"工具制作绘制油画花朵的效果与动画；然后使用"音乐"工具为视频添加音乐。

（1）将 01.jpg 素材文件导入剪映。

（2）选择素材文件，在"工具栏"面板中点击"抖音玩法"按钮。

（3）在"抖音玩法"面板中选择"场景变换"→"油画玩法"效果。

（4）将时间线滑动至起始位置，在"工具栏"面板中点击"音频"→"音乐"按钮。

（5）在弹出的"添加音乐"面板中点击"搜索栏"，搜索"泡泡"并选择合适的音频文件，然后点击"使用"按钮。设置音频文件的结束时间与视频文件的结束时间相同。此时本实例制作完成。

7.6　实例：制作瑜伽健身短视频

扫码看教程

　　本实例首先使用"美体"工具对视频中的人物身体进行拉腿、瘦身等调整；然后使用"文字模板"工具创建文字并制作文字动画效果；最后使用"音乐"工具为视频添加音乐。

（1）将01.mp4素材文件导入剪映。

（2）选择素材文件，在"工具栏"面板中点击"美颜美体"按钮。

（3）点击"美体"按钮。

（4）在弹出的"智能美体"面板中点击"磨皮"按钮，设置"磨皮"为 15。

（5）点击"瘦身"按钮，设置"瘦身"为 20。

（6）点击"长腿"按钮，设置"长腿"为 40。

（7）点击"瘦腰"按钮，设置"瘦腰"为 70。

（8）将时间线滑动至起始位置，在"工具栏"面板中点击"文字模板"按钮。

（9）在弹出的"文字模板"面板中点击"运动"按钮，选择合适的文字模板。

（10）在"文字栏"中修改文字。

（11）将时间线滑动至起始位置，在"工具栏"面板中点击"音频"→"音乐"按钮。

（12）在弹出的"添加音乐"面板中点击"抖音"按钮，在"抖音"面板中选择合适的音频文件，然后点击"使用"按钮。设置音频文件的结束时间与视频的结束时间相同。此时本实例制作完成。

第 8 章

视频间的转场效果

 本章内容简介

本章将研究视频转场效果艺术，学习多种类型的转场技巧。通过具体的实例分析，将探讨如何巧妙地运用转场效果来增强视频画面的流畅性和连贯性。同时，还将学习如何通过转场效果来创造和调整视频的视觉氛围和风格，使其更贴近想要传达的情感和主题。

 重点知识掌握

在视频与视频之间添加转场效果

8.1　实例：制作宠物"MG 动画"短视频

本实例首先为素材文件设置合适的持续时间；然后使用"转场"工具制作宠物 MG 动画效果；接着使用"文字模板"工具创建文字并制作文字动画；最后使用"音乐"工具为视频添加音乐。

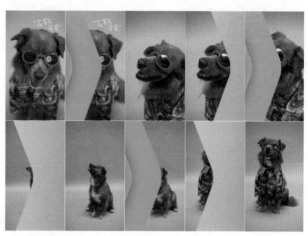

（1）将 01.mp4 素材文件导入剪映。

（2）选择素材文件，设置素材文件的持续时间为 3s。

（3）将时间线滑动至结束位置，点击 ⊞ 按钮。

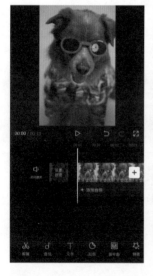

（4）在弹出的"素材"面板中点击"照片视频"→"视频"按钮，选择
02.mp4～04.mp4 素材文件。

（5）选择 02.mp4 素材文件，设置 02.mp4 素材文件的持续时间为 3s。

（6）选择 03.mp4 素材文件，设置 03.mp4 素材文件的持续时间为 3s。

（7）选择 04.mp4 素材文件，设置 04.mp4 素材文件的持续时间为 3s。

（8）点击 01.mp4 与 02.mp4 素材文件之间的 | 按钮。

（9）在弹出的"转场"面板中选择"MG 动画"→"箭头向右"转场。

（10）点击 02.mp4 与 03.mp4 素材文件之间的 I 按钮。

（11）在弹出的"转场"面板中选择"MG 动画"→"箭头向右"转场。

（12）点击 03.mp4 与 04.mp4 素材文件之间的 I 按钮。在弹出的"转场"面板中选择"MG 动画"→"箭头向右"转场。

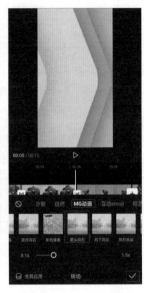

（13）将时间线滑动至起始位置，在"工具栏"面板中点击"文字模板"按钮。

（14）在弹出的"文字模板"面板中点击"手写字"按钮，选择合适的文字模板。

（15）选择文字模板，在"播放"面板中设置文字模板到合适的位置与大小。

（16）将时间线滑动至起始位置，在"工具栏"面板中点击"音频"→"音乐"按钮。

（17）在弹出的"添加音乐"面板中点击"萌宠"按钮，在"萌宠"面板中选择合适的音频文件，然后点击"使用"按钮。设置音频文件的结束时间与视频文件的结束时间相同。此时本实例制作完成。

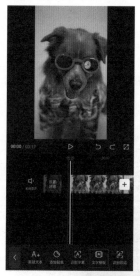

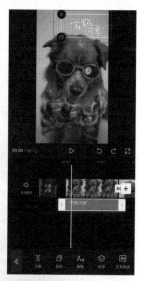

8.2　实例：拍摄转场效果

本实例首先为素材文件设置合适的持续时间；然后使用
"转场"工具添加拍摄转场的视频效果；最后使用"音乐"与
"音效"工具为视频添加声音。

扫码看教程

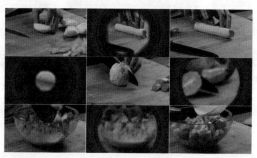

（1）将01.mp4素材文件导入剪映。

（2）选择素材文件，设置素材文件的持续时间为3s。

（3）点击 ⊞ 按钮。

（4）在弹出的"素材"面板中点击"照片视频"→"视频"按钮，选择02.mp4～05.mp4素材文件。

（5）选择02.mp4素材文件，设置02.mp4素材文件的持续时间为3s。

（6）选择03.mp4素材文件，设置03.mp4素材文件的持续时间为3s。

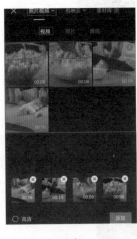

（7）选择04.mp4素材文件，设置04.mp4素材文件的持续时间为3s。

（8）选择05.mp4素材文件，设置05.mp4素材文件的持续时间为3s。

（9）点击01.mp4与02.mp4素材文件之间的 ⌶ 按钮。

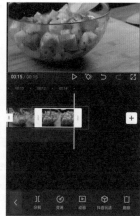

（10）在弹出的"转场"面板中选择"拍摄"→"快门"转场，设置持续时间为 1s。

（11）点击 02.mp4 与 03.mp4 素材文件之间的 | 按钮。

（12）在弹出的"转场"面板中选择"拍摄"→"快门"转场，设置持续时间为 1s。使用同样的方法在其他素材文件之间添加"快门"转场并设置转场的持续时间为 1s。

（13）将时间线滑动至 2 秒 02 帧位置，在"工具栏"面板中点击"音频"→"音效"按钮。

（14）在"音效"面板中点击"机械"按钮，选择合适的音效，然后点击"使用"按钮。

（15）将时间线滑动至 4 秒 03 帧位置，在"工具栏"面板中点击"音频"→"音效"按钮。

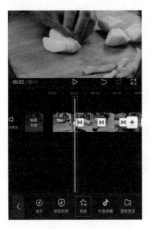  

（16）在"音效"面板中点击"机械"按钮，选择合适的音效，然后点击"使用"按钮。使用同样的方法分别在 6 秒 04 帧与 8 秒 04 帧位置再次添加音效。

（17）将时间线滑动至起始位置，在"工具栏"面板中点击"音频"→"音乐"按钮。

（18）在弹出的"添加音乐"面板中点击"搜索栏"，搜索 That Positive Feeling 并选择合适的音频文件，然后点击"使用"按钮。设置音频文件的结束时间与视频文件的结束时间相同。此时本实例制作完成。

 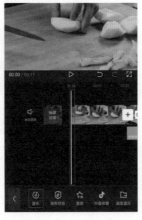 

8.3　实例：制作穿梭转场效果

扫码看教程

本实例首先为素材文件设置合适的持续时间；然后使用"转场"工具制作穿梭转场的视频效果；最后使用"贴纸"与"音乐"工具为视频添加声音。

（1）将01.mp4素材文件导入剪映。

（2）设置01.mp4素材文件的持续时间为3s。

（3）将时间线滑动至3s位置，然后点击 ⊞ 按钮。

（4）在弹出的"素材"面板中点击"照片视频"→"视频"按钮，选择02.mp4和03.mp4素材文件，然后点击"添加"按钮。

（5）设置02.mp4素材文件的持续时间为3s，在"播放"面板中将其设置到合适的大小。

（6）设置03.mp4素材文件的持续时间为3s，在"播放"面板中将其设置到合适的大小。

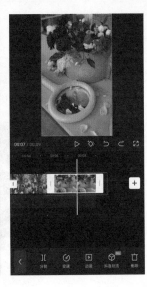

（7）点击 01.mp4 与 02.mp4 素材文件之间的 | 按钮。

（8）在弹出的"转场"面板中选择"运镜"→"无限穿越 I"转场。

（9）点击 02.mp4 与 03.mp4 素材文件之间的 | 按钮。

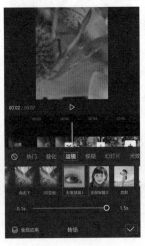

（10）在弹出的"转场"面板中选择"运镜"→"无限穿越 II"转场。

（11）将时间线滑动至起始位置，在"工具栏"面板中点击"贴纸"按钮。

（12）在弹出的"贴纸"面板中搜索"五月，你好"，选择合适的贴纸。

（13）点击在（12）中选择的"贴纸"，在"播放"面板中将其设置到合适的大小。

（14）将时间线滑动至起始位置，在"工具栏"面板中点击"音频"→"音乐"按钮。

（15）在弹出的"添加音乐"面板中点击"环保"按钮，在弹出的"环保"面板中选择合适的音频文件，然后点击"使用"按钮。设置音频文件的结束时间与视频文件的结束时间相同。此时本实例制作完成。

扫码看教程

8.4　实例：添加水墨风景转场效果

本实例首先为素材文件设置合适的持续时间；然后使用"转场"工具添加水墨转场的视频效果；最后使用"文字模板"与"音乐"工具分别为视频添加文字与声音。

（1）将01.mp4素材文件导入剪映。

（2）设置01.mp4素材文件的持续时间为4s。将时间线滑动至4s位置，然后点击 + 按钮。

（3）在弹出的"素材"面板中点击"照片视频"→"视频"按钮，选择剩余的02.mp4和03.mp4素材文件，然后点击"添加"按钮。

（4）设置02.mp4素材文件的持续时间为4s，在"播放"面板中将其设置到合适的大小。

（5）设置 03.mp4 素材文件的持续时间为 4s，在"播放"面板中将其设置到合适的大小。

（6）点击 01.mp4 与 02.mp4 素材文件之间的 | 按钮。

（7）在弹出的"转场"面板中选择"叠化"→"水墨"转场。

（8）点击 02.mp4 与 03.mp4 素材文件之间的 | 按钮。

（9）在弹出的"转场"面板中选择"叠化"→"水墨"转场。

（10）将时间线滑动至起始位置，在"工具栏"面板中点击"文字"→"文字模板"按钮。

（11）在弹出的"文字模板"面板中点击"旅行"按钮，选择合适的文字模板。修改文字为"周末游玩攻略"。

（12）将时间线滑动至起始位置，在"工具栏"面板中点击"音频"→"音乐"按钮。在弹出的"添加音乐"面板中点击"旅行"按钮，在弹出的"旅行"面板中选择合适的音频文件，然后点击"使用"按钮。设置音频文件的结束时间与视频文件的结束时间相同。此时本实例制作完成。

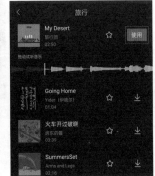

第 9 章
添加动画让画面更生动

 本章内容简介

本章将深入探讨如何借助动画技术使视频更生动、更有活力。通过具体的实例分析,揭示动画如何使视频增加视觉趣味性,提升观看体验,更加引人入胜。

 重点知识掌握

- 关键帧动画
- 变速动画
- 动画

扫码看教程

9.1　实例：制作花瓣变亮动画

　　本实例首先使用"混合模式"工具添加花瓣飘落的效果；然后使用"关键帧""滤镜""调节"工具添加花瓣飘落后画面变亮的效果；最后添加音乐使视频更加丰富。

　　（1）将01.mp4素材文件导入剪映，然后选择素材文件。

　　（2）将时间线滑动至9秒14帧位置，在"工具栏"面板中点击"分割"按钮。

　　（3）选择时间线后方的素材文件，在"工具栏"面板中点击"删除"按钮。

（4）在"工具栏"面板中点击"动画"按钮。

（5）在弹出的面板中点击"入场动画"按钮。

（6）在弹出的"入场动画"面板中选择"渐显"动画。

（7）在"工具栏"面板中点击"画中画"按钮。

（8）在弹出的面板中点击"新增画中画"按钮。

（9）在弹出的面板中点击"素材库"按钮，在"搜索栏"面板中搜索"花瓣飘落"，选择合适的花瓣素材，然后点击"添加"按钮。

  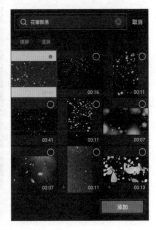

（10）选择"画中画"轨道上的素材文件，在"播放"面板中将其设置到合适的大小，在"工具栏"面板中点击"混合模式"按钮。

（11）在弹出的"混合模式"面板中点击"滤色"按钮。

（12）在"工具栏"面板中点击"变速"按钮。

（13）点击"曲线变速"按钮。

（14）在弹出的"曲线变速"面板中点击"自定"按钮。

（15）在弹出的"自定"面板中设置合适的变速效果。

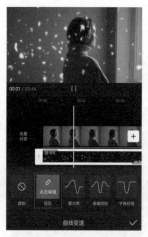

（16）设置素材文件的结束时间与视频文件的结束时间相同。

（17）在"工具栏"面板中点击"动画"→"入场动画"按钮。

（18）在弹出的"入场动画"面板中选择"渐显"动画。

（19）选择人物 .mp4 素材文件，在"工具栏"面板中点击"复制"按钮。

（20）选择在（19）中复制的素材文件，在"工具栏"面板中点击"切画中画"按钮，将素材文件移动至最下方。设置素材文件的起始时间与主视频文件的起始时间相同。

（21）在"工具栏"面板中点击"混合模式"按钮。

（22）在弹出的"混合模式"面板中点击"颜色减淡"按钮。

（23）在"工具栏"面板中点击"滤镜"按钮。

（24）在弹出的"滤镜"面板中选择"人像"→"鲜亮"滤镜，然后设置"滤镜强度"为 100。

（25）点击"调节"按钮，然后点击"亮度"按钮，设置"亮度"为 -21。

（26）点击"光感"按钮，设置"光感"为 5。

（27）点击"高光"按钮，设置"高光"为 5。

（28）将时间线滑动至 1 秒 23 帧位置处，点击 按钮。在"工具栏"面板中点击"不透明度"按钮。

（29）在弹出的"不透明度"面板中设置"不透明度"为 0。

（30）将时间线滑动至 2 秒 11 帧位置。在"工具栏"面板中点击"不透明度"按钮。

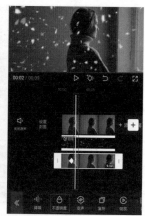

（31）在弹出的"不透明度"面板中设置"不透明度"为 100。

（32）将时间线滑动至起始位置，在"工具栏"面板中点击"音频"→"音乐"按钮。

（33）在弹出的"添加音乐"面板中搜索"一样的月光"，选择合适的音频文件，然后点击"使用"按钮。设置音频文件的结束时间与视频文件的结束时间相同。此时本实例制作完成。

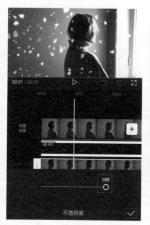

9.2　实例：制作环保蒙版动画

本实例首先使用"蒙版"与"添加关键帧"工具添加环保视频效果；然后使用"音效"工具添加音效，使画面更具创意。

扫码看教程

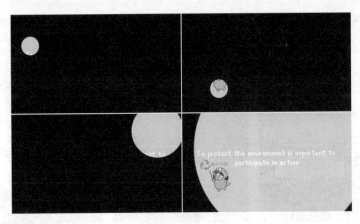

（1）打开剪映 App，点击"开始制作"按钮，然后点击"素材库"→"热门"。选择透明背景视频，点击"添加（1）"按钮。设置视频文件的持续时间为 5s。

（2）在"工具栏"面板中点击"背景"按钮。在弹出的面板中点击"画布颜色"按钮。

（3）在弹出的"画布颜色"面板中选择浅蓝色。

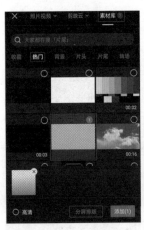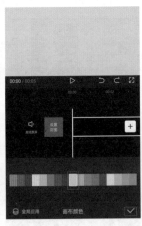

（4）在"工具栏"面板中点击"文字"→"新建文本"按钮，在弹出面板中的"文字栏"中输入文字，然后点击"字体"→"热门"按钮。选择合适的字体内容。

（5）点击"样式"→"文字"按钮，设置"字号"为 9。

（6）在"工具栏"面板中点击"添加贴纸"按钮。

（7）在弹出的面板中搜索"循环利用"，选择合适的贴纸。

（8）点击在（7）中选择的"贴纸"，在"播放"面板中将其设置到合适的位置与大小。

（9）设置完成后点击"导出"按钮。

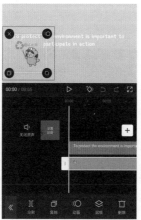

（10）新建剪映文件，导入在（9）中导出的素材文件。

（11）在"工具栏"面板中点击"画中画"→"新增画中画"按钮。

（12）在弹出的面板中点击"素材库"→"热门"按钮，选择黑色视频，点击"添加"按钮。

（13）在"播放"面板中将其设置到合适的大小。设置黑色视频文件的结束时间为5s。

（14）将时间线滑动至起始时间位置，点击 按钮。在"工具栏"面板中点击"蒙版"按钮。

（15）在弹出的"蒙版"面板中点击"圆形"按钮，然后点击"反转"按钮。在"播放"面板中将其设置到合适的位置与大小。

（16）将时间线滑动至1秒06帧位置，在"工具栏"面板中点击"蒙版"按钮。

（17）在"播放"面板中将其设置到合适的位置。

（18）将时间线滑动至 2 秒 03 帧位置，在"工具栏"面板中点击"蒙版"按钮。

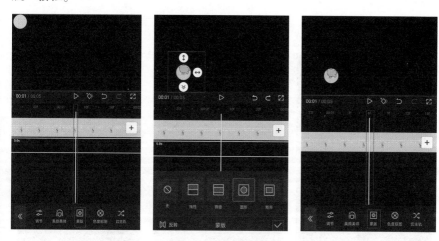

（19）在弹出的"蒙版"面板中点击"圆形"按钮。在"播放"面板中将其设置到合适的位置。

（20）将时间线滑动至 2 秒 19 帧位置，在"工具栏"面板中点击"蒙版"按钮。

（21）在弹出的"蒙版"面板中点击"圆形"按钮。在"播放"面板中将其设置到合适的位置。

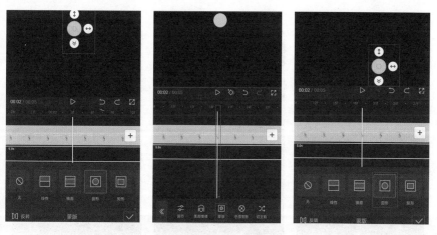

（22）将时间线滑动至 3 秒 01 帧位置，在"工具栏"面板中点击"蒙版"工具。

（23）在弹出的"蒙版"面板中点击"圆形"按钮。在"播放"面板中将其设置到合适的位置。

（24）将时间线滑动至3秒18帧位置，在"工具栏"面板中点击"蒙版"按钮。

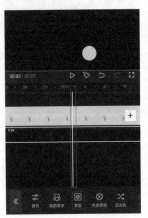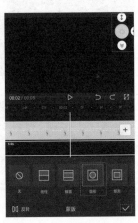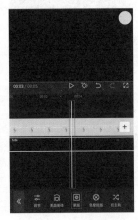

（25）在弹出的"蒙版"面板中点击"圆形"按钮。在"播放"面板中将其设置到合适的位置。

（26）将时间线滑动至起始位置，在"工具栏"面板中点击"音频"→"音效"按钮。

（27）在"搜索"面板中搜索"可爱biu"，选择合适的音效，然后点击"使用"按钮。

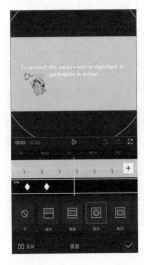

（28）设置音效的结束时间为 12 帧，在"工具栏"面板中点击"复制"按钮。

（29）将在（28）复制的音效文件移至 1 秒 06 帧，在"工具栏"面板中点击"复制"按钮。

（30）将在（28）中复制的音效文件移动至 2 秒 03 帧，在"工具栏"面板中点击"复制"按钮。

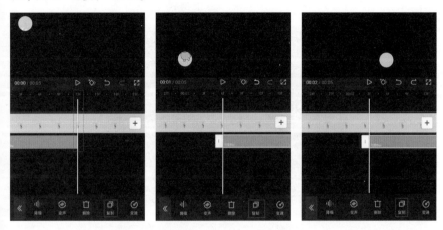

（31）将刚刚复制的音效文件移动至 2 秒 19 帧，将时间线滑动至 3 秒 01 帧位置处，在"工具栏"面板中点击"音效"按钮。

（32）在"搜索"面板中搜索"动漫综艺 Duang"，选择合适的音效，然后点击"使用"按钮。此时本实例制作完成。

9.3　实例：制作卡点风景动画

本实例首先添加音频并使用"踩点"工具根据音频踩点添加视频卡点效果；然后使用"特效"与"滤镜"工具为画面添加氛围效果；然后使用"变速"与"抠像"工具添加剪影跳舞的效果；最后使用"动画"与"文字模板"工具为画面添加动画与文字，使画面更具动感、更加丰富。

（1）将所有风景素材文件导入剪映，将时间线滑动至起始位置，然后在"工具栏"面板中点击"音频"按钮。

（2）在"工具栏"面板中点击"音乐"按钮。

（3）在弹出的面板中点击"抖音"按钮，选择合适的音频文件，然后点击"使用"按钮。

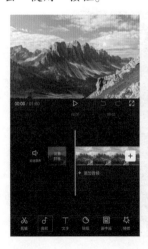
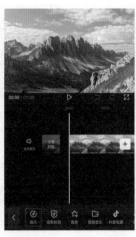

（4）选择音频文件，在"工具栏"面板中点击"踩点"按钮。

（5）在弹出的"踩点"面板中选择"自动踩点"选项，点击"踩节拍 II"按钮。

（6）选择 1.jpg 素材文件，设置结束时间为音频第 3 个踩点位置。

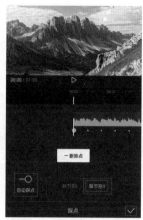

（7）选择 2.jpg 素材文件，在"播放"面板中将其设置到合适的大小。设置结束时间为音频第 5 个踩点位置。

（8）选择 3.jpg 素材文件，在"播放"面板中将其设置到合适的大小。设置结束时间为音频第 7 个踩点位置。

（9）在"时间轴"面板中设置其他素材文件的持续时间为 2 个踩点之间的时间。在"播放"面板中设置素材文件到合适的大小。

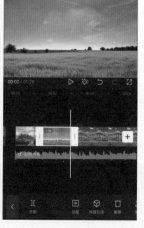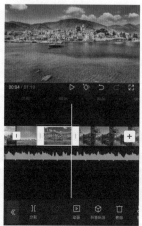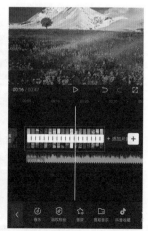

（10）在"播放"面板中设置音频文件的结束时间与视频文件的结束时间相同。

（11）选择 1.jpg 素材文件，在"工具栏"面板中点击"动画"按钮。

（12）在弹出的面板中点击"组合动画"按钮，在"组合动画"面板中选择"荡秋千"动画。

（13）选择 2.jpg 素材文件，在"工具栏"面板中点击"动画"按钮。

（14）在弹出的面板中点击"组合动画"按钮，在"组合动画"面板中选择"荡秋千"动画。

（15）选择 3.jpg 素材文件，在"工具栏"面板中点击"动画"按钮。

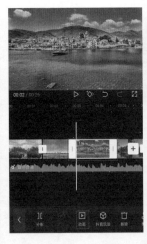

（16）在弹出的面板中点击"组合动画"，在"组合动画"面板中选择
"荡秋千"动画。

（17）选择 4.jpg 素材文件，在"工具栏"面板中点击"动画"按钮。

（18）在弹出的面板中点击"组合动画"按钮，在"组合动画"面板中
选择"荡秋千"动画。

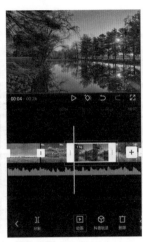

（19）使用同样的方法为其他视频添加"荡秋千"动画。

（20）在"工具栏"面板中点击"画中画"按钮。

（21）在弹出的面板中点击"新增画中画"按钮。

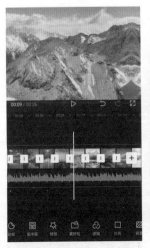
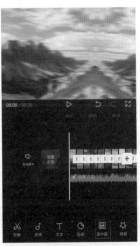
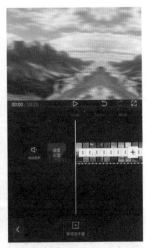

（22）在弹出的面板中点击"照片视频"→"视频"按钮，选择 1.mp4 素材文件，点击"添加"按钮。

（23）在"播放"面板中将其移至合适的位置并设置到合适的大小，在"工具栏"面板中点击"变速"按钮。

（24）在弹出的面板中点击"常规变速"按钮。

（25）在弹出的"变速"面板中设置"速率"为 1.9x。

（26）在"工具栏"面板中点击"调节"按钮。

（27）在弹出的"调节"面板中点击"亮度"按钮，设置"亮度"为 -50。

（28）在"工具栏"面板中点击"抠像"按钮。

（29）在弹出的面板中点击"智能抠像"按钮。

（30）此时已经从画面中的视频文件中抠出人像，在"工具栏"面板中点击"调节"按钮。

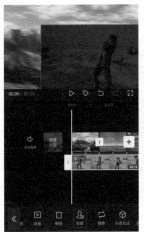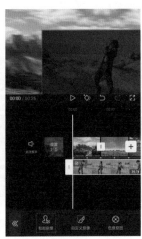

（31）在弹出的"调节"面板中点击"曲线"按钮。

（32）在弹出的"曲线"面板中点击"RGB 轨道"按钮，设置合适的曲线位置。

（33）将时间线滑动至起始位置，在"工具栏"面板中点击"特效"按钮。

（34）在弹出的面板中点击"画面特效"按钮。

（35）选择"金粉"→"金粉"特效。

（36）在"工具栏"面板中点击"作用对象"按钮。

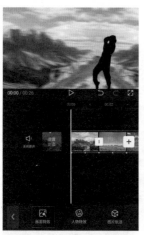

（37）在弹出的"作用对象"面板中点击"全局"按钮。

（38）点击"画面特效"按钮。

（39）在弹出的面板中选择"氛围"→"星星冲屏"特效。

（40）在"工具栏"面板中点击"作用对象"按钮。

（41）在弹出的"作用对象"面板中点击"全局"按钮。

（42）设置特效的结束时间与视频文件的结束时间相同。

  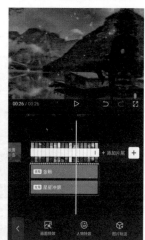

（43）将时间线滑动至起始位置，在"工具栏"面板中点击"滤镜"按钮。

（44）在弹出的"滤镜"面板中选择"夜景"→"冷蓝"滤镜，然后设置"滤镜强度"为100。

（45）设置滤镜的结束时间与视频的结束时间相同。

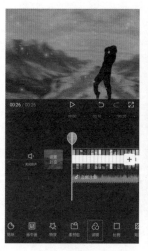  

（46）将时间线滑动至4秒13帧位置，在"工具栏"面板中点击"文字"→"文字模板"按钮。

（47）在弹出的面板中点击"文字模板"→"手写字"按钮，选择合适的文字模板。此时本实例制作完成。

第 10 章

添加合适的音频

 **本章内容简介**

　　本章将探讨如何为视频添加合适的音频，从而提升视频的整体效果。另外，本章还将介绍如何利用音频效果和特殊音效来增强视频的情感和视觉冲击力。同时，也会学习如何通过音频创建文字和朗读文字，使视频内容更加清晰、鲜明。通过适当的音频设计，可使视频在视觉和听觉上都更具吸引力、更生动有趣。

 重点知识掌握

● 音频效果
● 识别歌词
● 文本朗读
● 录音

10.1　实例：为视频添加音乐

本实例使用"音效"工具为视频添加音乐。

（1）打开剪映 App，将视频 01.mp4 素材文件导入剪映。

（2）将时间线滑动至起始位置，在"工具栏"面板中点击"音频"→"音效"。

（3）在弹出的面板中点击"乐器"按钮，选择合适的音效效果，然后点击"使用"按钮。

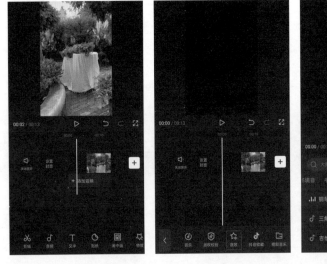

（4）将时间线滑动至 1 秒 11 帧位置，在"工具栏"面板中点击"音效"按钮。

（5）在弹出的面板中点击"乐器"按钮，选择合适的音效效果，然后点击"使用"按钮。此时本实例制作完成。

10.2　实例：添加淡入淡出的音乐效果

本实例首先使用"贴纸"工具为画面添加文字与湖面效果；然后使用"音乐"工具为画面添加音乐；最后使用"淡化"工具制作淡入淡出的音乐效果。

扫码看教程

（1）打开剪映 App，将视频 01.mp4 素材文件导入剪映。

（2）将时间线滑动至起始位置，在"工具栏"面板中点击"贴纸"

按钮。

（3）在弹出的"贴纸"面板中点击"电影感"按钮，选择合适的贴纸。

（4）点击"贴纸"，在"播放"面板中将其设置到合适的位置与大小。

（5）将时间线滑动至起始位置，在"工具栏"面板中点击"音频"→"音乐"按钮。

（6）在弹出的"添加音乐"面板中搜索 Upside Down，在"搜索"面板中选择合适的音频文件，然后点击"使用"按钮。设置音频文件的结束时间与视频文件的结束时间相同。

（7）选择音频文件，在"工具栏"面板中点击"淡化"按钮。

（8）在弹出的"淡化"面板中设置"淡入时长"为 0.8s。

（9）设置"淡出时长"为 0.8s。此时本实例制作完成。

10.3　实例：添加音频变速效果

本实例首先使用"变速"工具制作视频变速效果；然后使用"文字模板"工具为画面添加文字与文字动画效果；接着使用"音乐"工具为画面添加音乐；最后使用"变速"工具添加音频变速效果。

扫码看教程

（1）打开剪映 App，将视频 01.mp4 素材文件导入剪映。

（2）选择 01.mp4 素材文件，在"工具栏"面板中点击"变速"按钮。

（3）点击"曲线变速"按钮。

（4）在弹出的"曲线变速"面板中选择"蒙太奇"变速效果。

（5）将时间线滑动至起始位置，在"工具栏"面板中点击"文字模板"按钮。

（6）在弹出的"文字模板"面板中点击"简约"按钮，选择合适的文字模板。

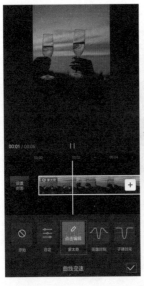

（7）将时间线滑动至起始位置，在"工具栏"面板中点击"音频"→"音乐"按钮。

（8）在弹出的"添加音乐"面板中搜索 U ARE，选择合适的音频文件，然后点击"使用"按钮。设置音频文件的结束时间与视频文件的结束时间相同。

（9）选择音频文件，在"工具栏"面板中点击"变速"按钮。

（10）在弹出的"变速"面板中设置"速率"为 1.5x。此时本实例制作完成。

扫码看教程

10.4　实例：自动识别歌词生成字幕

本实例首先使用"音频"工具为画面添加音乐效果；然后使用"识别歌词"工具为画面添加文字得到文字字幕效果。

（1）打开剪映 App，将视频 01.mp4 素材文件导入剪映。

（2）将时间线滑动至起始位置，在"工具栏"面板中点击"音频"→"音乐"按钮。

（3）在弹出的"添加音乐"面板中点击"抖音"按钮，然后在"抖音"面板中选择合适的音频文件，然后点击"使用"按钮。设置音频文件的结束时间与视频文件的结束时间相同。

（4）将时间线滑动至起始位置，在"工具栏"面板中点击"文本"→"识别歌词"工具。

（5）在弹出的"识别歌词"面板中点击"开始匹配"按钮。

（6）点击在（5）中识别的歌词字幕，在"工具栏"面板中点击"编辑"按钮。

（7）点击"字体"→"创意"按钮，选择合适的字体效果。

（8）点击"样式"→"文字"按钮，接着点击■（取消花字）按钮，设置"字号"为5。此时本实例制作完成。

扫码看教程

10.5　实例：文本朗读

　　本实例首先使用"文字"工具为画面添加文字并增加文字效果；然后使用"文本朗读"工具制作朗读文字的效果；最后使用"变声"工具制作女声变男声效果。

　　（1）打开剪映 App，将 01.mp4 素材文件导入剪映。

　　（2）将时间线滑动至起始位置，在"工具栏"面板中点击"文字"→"新建文本"按钮。

　　（3）在弹出的面板中输入文字，点击"花字"→"热门"按钮，选择合适的花字。

　　（4）点击"样式"→"文字"按钮，设置"字号"为6。

　　（5）在"播放"面板中将文字移至合适的位置。点击"字体"→"热门"按钮，选择合适的字体。

（6）将时间线滑动至 3s 位置，在"工具栏"面板中点击"新建文本"按钮。

  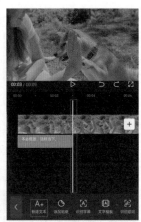

（7）输入文字，此时画面中的文字与之前文字的预设效果相同（如果不同，则可以使用同样的方法制作文字效果）。

（8）将时间线滑动至 6s 位置，在"工具栏"面板中点击"新建文本"按钮。

（9）输入文字，此时画面中的文字与之前文字的预设效果相同（如果不同，则可以使用同样的方法制作文字效果）。

 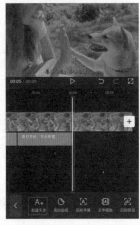 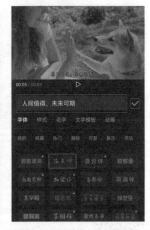

（10）选择第 1 个文字文件，然后在"工具栏"面板中点击"文本朗读"按钮。

（11）在弹出的"音色选择"面板中点击"女声音色"按钮，然后选择"亲切女声"音效，选中"应用到全部文本"选项。

（12）选择第 2 个文字文件，在"工具栏"面板中点击"变声"按钮。

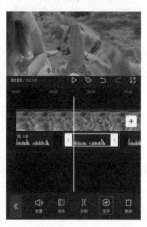

（13）在弹出的"变声"面板中点击"基础"按钮，选择"大叔"音效。

（14）选择第 3 个文字文件，在"工具栏"面板中点击"变声"按钮。

（15）在弹出的"变声"面板中点击"基础"按钮，选择"大叔"音效。

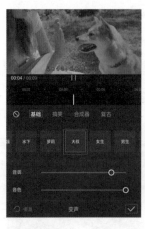
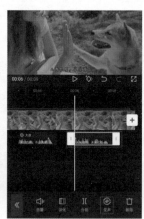

10.6　实例：录制音效

扫码看教程

本实例首先使用"文字"工具创建文字并添加文字效果；然后使用"录音"工具录制音频为画面添加音效。

（1）打开剪映 App，将 01.mp4 素材文件导入剪映。

（2）将时间线滑动至起始位置，在"工具栏"面板中点击"文本"→"新建文本"按钮。

（3）在弹出的面板中输入文字，然后点击"字体"→"热门"按钮，选择合适的字体效果。

（4）点击"样式"按钮，选择合适的字体样式，然后点击"文字"按钮，设置"字号"为 7。

（5）设置在（3）中添加的文字的持续时间与视频文件的持续时间相同。

（6）将时间线滑动至起始位置，在"工具栏"面板中点击"音效"→"录音"按钮。

（7）在弹出的面板中点击"录音"按钮后开始朗读进行录音。

（8）此时可以得到在（7）中的录音效果并且可以自行进行修剪、停顿、增加空白等。此时本实例制作完成。